범죄예방환경설계
실무 가이드북

범죄예방환경설계
실무 가이드북

초판 1쇄 찍은날 2020년 8월 14일
초판 1쇄 펴낸날 2020년 8월 18일

지은이 주미옥
그래픽디자인 ㈜에스아이디 전수빈

펴낸이 최윤정
펴낸곳 도서출판 나무와숲 | **등록** 2001-000095
주소 서울특별시 송파구 올림픽로 336 1704호(방이동, 대우유토피아빌딩)
전화 02)3474-1114 | **팩스** 02)3474-1113 | **e-mail** : namuwasup@namuwasup.com

ISBN 978-89-93632-79-8 03530

* 이 도서의 국립중앙도서관 출판예정도서목록(CIP)은 서지정보유통지원시스템 홈페이지 (http://seoji.nl.go.kr)와 국가자료종합목록 구축시스템(http://kolis-net.nl.go.kr)에서 이용하실 수 있습니다. (CIP 제어번호 : CIP2020033632)

범죄예방환경설계
실무 가이드북

주 미 옥

나무와숲

일러두기

* 이 책은 상호 유기적으로 적용되고 있는 내용들을 이해하기 쉽게 분리하여 설명하는 과정과, 국토교통부 범죄예방 건축기준을 중심으로 서술하는 부분이 있어 내용이 일부 중복될 수 있음을 밝힌다.

* 이 책에 실린 이미지들은 참고용으로 현장 상황에 따라 조금씩 달리 적용해야 하며, 모든 기준을 만족하고 있는 것이 아니다. 또한 저작권이 있는 이미지이므로 허락 없이 사용해서는 안 된다.

들어가는 글

국토교통부는 2015년 4월 「건축법」 제53조의 2 및 「건축법 시행령」 제61조의 3에 "범죄예방 건축기준"을 고시하여 시행한 후 2019년 7월 31일 일부 내용을 개정하여 시행하고 있다. 개정된 주요 내용은 적용 대상 범위의 확대이다. 기존에는 적용 범위가 공동주택 500세대 이상이었으나 현재는 공동주택 100세대 이상에 대해 적용 기준을 제시하고 거의 모든 주택 건축물에 대해 범죄예방환경설계를 권장하고 있다.

이에 따라 각 자치구에서 건축 심의를 받을 경우 범죄예방환경설계 범위가 넓어져 실무자가 준비해야 할 내용이 늘어났다. 그러나 제시된 범죄예방 건축기준 고시 내용만으로는 심의 내용에 맞게 준비하는 데 어려움이 많다. 더욱이 이 기준이 변경 시행된 지 얼마 되지 않아 여러 가지 면에서 혼란이 초래되고 있는 상황이다.

이에 현장에서 맞닥뜨렸던 어려운 문제들과 반드시 다루어야 할 부분들을 중심으로 정리할 필요성을 느꼈다. 사실 범죄예방설계 실무에 대한 책을 쓰는 것에는 상당한 부담이 따른다. 다른 분야보다도 안전과 직결된 부분이기 때문이다. 그러나 실무자로서 조금이나마 도움이 되길 바라는 마음에서 쓴 것이므로 참고 자료로 사용하면 좋을 것이다.

물론 여기에 실리는 내용들이 범죄예방 건축기준을 모두 충족시키는 것은 아니다. 세세하게 다루자면 내용은 이보다 훨씬 방대해질 것이다. 범죄예방환경설계는 사람이 사는 공간을 설계할 때 고려해야 하는 까닭에 내용이 방대할 수밖에 없기 때문이다.

따라서 이 책에서는 범죄예방환경설계(디자인), 즉 CPTED(Crime Prevention Through Environment Design)의 가장 기초가 되는 내용들을 실어 우선 점검할 수 있도록 했다. 각 분야에 대한 좀 더 자세한 내용은 앞으로 보완할 계획이다.

현재는 건축물의 여러 가지 유형 중 대규모 공동주택을 중심으로 범죄예방설계가 반영되고 있다. 아무래도 대규모이고 현실적으로 통제 가능한 상황 등이 반영되었기 때문일 것이다.

그러나 개인 주택이나 노후 주택 밀집 지역, 학교 등도 범죄예방설계가 반영되어야 하는 중요한 공간이다. 특히 1인 세대, 독거노인 세대, 한부모 가정 세대 등은 세대 구성원 간 관리가 미흡한 상황에 노출될 위험이 높으므로 좀 더 관심을 기울여야 한다.

범죄예방환경설계-요소를 표현하는 방법에는 여러 가지가 있지만, 이 책은 국토교통부에서 고시한 내용을 중심으로 서술하였다. 다만 범죄예방환경설계의 적용 원리가 상호 유기적으로 사용되는 만큼 각 영역의 표현 방식은 여러 개가 같이 쓰이기도 할 것이다.

건축물의 유형은 다양하다. 건축법 시행령 제3조의 5는 용도별 건축물의 유형을 단독주택, 공동주택, 근린생활시설, 문화 및 집회 시설, 종교시설, 판매시설, 운수시설, 의료시설, 교육연구시설, 노유자시설, 운동시설, 업무시설, 숙박시설, 위락시설 등으로 구분하고 있다. 물론 각 유형별로 범죄예방환경설계 적용 기준은 조금씩 다르다.

이 책에서는 1차적으로 모든 공간에 공통적으로 들어가는 출입문과 건물 외벽, 경비실, 영상정보처리기기 등을 중심으로 설명하였다. 향후 각 건축물 유형별로 보다 상세한 연구가 이루어지기를 바란다.

2015년 국토교통부가 발표한 범죄예방 건축기준에 관한 고시 내용을 보면 공통 기준과 건축물 용도별 기준이 있는데, 우리나라 주택 구조의 상당수를 차지하고 있는 공동주택(아파트)에 대한 내용이 많음을 알 수 있다. 부록으로 2019년 9월 국토교통부 고시 범죄예방 건축기준과 용도별 건축물의 유형 내용을 첨부하였다. 범죄예방설계 건축기준 적용 내용과 대상을 명확히 이해하는 데 도움이 될 것이다. 이 책에 실리지 않은 내용이라도 건축·경관 등의 심의위원회에서 나온 의견들을 설계에 반영해야 하는 경우도 있으므로 주의 깊게 보기를 바란다.

한 가지 양해를 구하고 싶은 것은 상호 유기적으로 적용되고 있는 내용들을 이해하기 쉽게 따로 분리하여 설명하다 보니 국토교통부 범죄예방 건축기준을 중심으로 서술한 부분과 일부 내용이 중복된다는 것이다. 또한 이 책에 실린 사진이나 그림은 참고용이므로 현장 상황에 따라 달리 적용해야 한다는 점을 밝힌다.

마지막으로 강조하고 싶은 말은 범죄예방환경설계가 범죄예방을 위한 만병통치약은 아니라는 것이다. CCTV와 같은 방범시설 확충에만 치중하는 것이 아니라 공간과 사람의 삶, 유형별 범죄 본질에 대한 이해를 바탕으로 범죄예방환경설계를 할 때 우리 삶의 질도 높일 수 있을 것이다.

이 책을 쓸 수 있도록 도움을 주신 많은 분들께 감사드린다.

2020년 8월

주 미 옥

CONTENTS

들어가는 글 · 5

1장

범죄예방환경설계 (CPTED)란?

1.1. 환경설계를 통한 범죄예방이란? ········ 12
1.2. 범죄예방환경설계의 태동 ········ 15
1.3. 범죄예방환경설계의 중요성 ········ 17
1.4. 범죄예방환경설계의 기본 원리 ········ 20
1) 접근통제(Access Control) ········ 24
2) 영역성 강화(Territoriality) ········ 25
3) 감시 강화(Surveillance) ········ 26
4) 활동의 활성화 (행위 지원, Activity Support) ········ 28
5) 명료성 강화(Legibility) ········ 31
6) 유지관리(Maintenance Management) 32

2장

공간 및 항목별 범죄예방환경설계

2.1. 출입구와 담장(울타리) ········ 44
1) A형 1·2·3단계 출입구 ········ 52
2) B형 1·2단계 출입구 ········ 65
3) C형 1단계 출입구 ········ 67
4) 담장(울타리) ········ 67
5) 차량 출입구 ········ 70
2.2. 보행로/산책로/진입로/단지 내 차로 ··· 72
2.3. 부대시설 및 복지시설 ········ 76
1) 어린이 놀이터 ········ 79
2) 기타 부대시설 ········ 84
2.4. 경비실/택배함/우편함 ········ 85
1) 경비실 ········ 86
2) 택배함 ········ 87

2.5. 주차장 91
1) 주차장 출입구 94
2) 주차장 96
2.6. 조경 101
2.7. 조명 106
2.8. 영상정보처리기기/비상벨 114
1) 영상정보처리기기 114
2) 비상벨 126
3) AI 기술의 진화와 도입 127
2.9. 승강기/복도/계단/건물 외벽/옥상 128
1) 승강기 130
2) 건물 외벽/배관 설치/골목길 131
3) 옥상 133
2.10. 안내판 외 134

3장

부록

1. 범죄예방 건축기준 고시 138
2. 용도별 건축물의 종류 145
3. 범죄예방 건축기준 체크리스트 157

■ 참고문헌 161

●●●

"환경설계를 통한 범죄예방(CPTED)"이라 함은 적절한 건축 설계나 도시계획 등을 통해 대상 지역의 방어적 공간 특성을 높여 범죄가 발생할 기회를 줄이고 지역 주민들이 안전감을 느끼도록 하여 궁극적으로 삶의 질을 향상시키는 종합적인 범죄예방 전략을 말한다. _ 경찰청, 『범죄예방을 위한 설계지침』, 2005

범죄로부터 피해를 입을 가능성이 있는 잠재적 피해자들을 보호하기 위하여 범죄의 구성 요건이 되는 가해자, 대상(피해자), 장소(환경적 특성)들 간의 관계를 분석하여 범죄를 예방하거나 범죄 불안감을 감소시키기 위한 일련의 계획 및 설계를 말한다. _ LH, 『범죄예방기법(CPTED) 설계적용사례집』, 2011

건축 환경의 적절한 설계와 효과적인 사용을 통해 범죄 불안감과 발생 범위를 줄이고 삶의 질을 증대시키는 기법을 의미하는데, 도시 건축적 측면에서 공간 계획 및 시설 디자인 등을 통해 범죄 발생 기회를 사전에 제거하는 등 범죄 발생과 범죄에 대한 불안감을 저감시키는 일련의 예방 대책을 포괄하고 있다. _ LH, 『범죄예방기법(CPTED) 설계적용사례집』, 2011

1장

범죄예방환경설계 (CPTED)란?

1.1. 환경설계를 통한 범죄 예방이란?

'환경설계를 통한 범죄예방(CPTED, Crime Prevention Through Environment Design)'이란 범죄예방 관점에서 적절한 건축 설계와 도시계획을 통해 대상 지역의 물리적·심리적 방어 공간의 특성을 높임으로써 범죄 발생 기회를 줄여 개인과 공동체 구성원 삶의 질을 향상시키는 종합적인 범죄예방 전략을 말한다.

범죄예방환경설계*는 기본적으로 범죄자·피해자·장소 기회라는 범죄 구성 요소를 중심으로 설계한다. 범죄자의 범행 심리를 억제하고 물리적으로 범행 기회를 차단함으로써 시민들의 범죄에 대한 공포심을 감소시키는 데 그 목적이 있다.

범죄는 개인의 재산이나 신체상 피해뿐만 아니라 심리적 불안감을 가중시켜 삶의 질 저하는 물론, 막대한 유·무형의 사회경제적 비용 손실을 가져오는 부정적 원인으로 작용한다.

그런데 대부분의 범죄는 일정한 시·공간적 발생 패턴을 갖고 있다. 이를 근거로 범죄 기회를 제공하는 상황적 요인들을 제거하여 범죄를 예방하는 것이 범죄예방환경설계의 핵심 요소이다.

---

* 이 책에서 범죄예방환경설계, 범죄예방환경디자인, 셉테드, CPTED는 모두 같은 의미로 쓰인다.

범죄가 많이 발생하는 지역을 주의 깊게 살펴보면 몇 가지 특징을 갖고 있다. 주택 및 각종 기반시설의 노후도가 심각한 곳, 인적이 드물고 복잡하면서도 좁은 골목길, 공유 공간이 부족하고 사용성과 영역성이 애매한 곳 등이다. 특히 영역성이 애매한 주차 공간이나 방치된 건물과 다른 건물 사이의 이격 공간, 공공시설·공간의 유지관리가 미흡한 곳, 잠금장치나 가로등이 부족하거나 부적절한 위치에 설치된 곳 등이다. 위와 같은 공간은 범죄뿐만 아니라 화재 등 생활 안전 위험에도 노출되어 있는 경우가 대부분이다.

이러한 공간들을 재정비하는 것은 매우 어렵다. 계획적으로 조성된 곳이 아니라 일제강점기, 6·25 전쟁, 급격한 산업화를 거치며 혼란한 상황에서 형성된 탓에 개인과 개인, 개인과 기업, 개인과 공공, 기업과 공공 등의 복잡한 권리와 이해관계가 얽혀 있기 때문이다. 그럼에도 국민의

범죄에 취약한 노후 주거 환경(잠금장치 미흡, 방치된 공간, 좁은 골목 등)

안전을 방치할 수 없는 중요한 사안이기 때문에 현재 많은 사업들이 시행되고 있으며, 대부분 관 주도로 이루어지고 있다.

범죄예방환경설계는 환경개선·도심재생 사업과 밀접한 연관이 있다. 그 이유는 기존의 도심이 만들어질 때 범죄예방환경설계 기준을 고려하지 않고 조성했거나, 관련 설계 기준을 고려하여 조성했다 하더라도 오랜 시간 공간이 변화하면서 적절하지 않게 변화된 곳이 많기 때문이다.

따라서 대상지의 범죄 유형과 환경의 상관성을 분석하고 1차적으로 물리적 환경 설계를 통해 범행 기회를 줄이고, 2차적으로 주민들 간의 행위 지원을 통해 자연감시 기능을 높임으로써 심리적 안전감을 증진시키는 종합적인 범죄예방계획을 수립하는 것이 필요하다.

건축물은 주거용, 상업(상가)용, 사무용, 공공시설용, 복합형 등 몇 가지 유형으로 구분된다. 주거용은 다시 대형 공동주택, 중·소형 공동주택, 단독주택으로 나누고, 상가용은 대형, 중·소형으로 나눈다. 공공시설에는 공원·병원·학교 등이 포함된다. 주거용과 상업용 시설이 같이 건축되는 복합형도 있다.

이렇게 각각의 유형이 여러 가지 목적 아래 복합적으로 이루어지는 건축은 각기 지니고 있는 공간별 특성을 유지하고 부정적으로 혼용되지 않도록 하는 것이 무엇보다 중요하다. 특히 주거용과 상업용은 주거자의 안전을 위하여 동선 및 진출입 과정에서 영역성을 강화하고 접근을 통제할 수 있는 명확한 계획이 필요하다.

1.2. 범죄예방 환경설계의 태동

범죄예방환경설계가 어떻게 발전해 왔는지 아는 것은 범죄예방환경설계에 대한 이해뿐만 아니라, 현재 우리나라에서 진행되고 있는 사업과 앞으로 이루어질 사업 방향에 대해서 고민해 볼 수 있는 실마리를 제공한다는 점에서 매우 유익하다.

1961년 출간된 제인 제이콥스(Jane Jacobs)의 『미국 대도시의 죽음과 삶(*The Death and Life of Great American Cities*)』에는 도시 설계와 사람들의 삶 속에서 형성된 특성과 범죄 간의 다양한 관계가 언급되어 있다.

제인 제이콥스는 거주자의 물리적 환경과의 상호작용, 이웃이나 도로의 활성화가 삶에 미치는 영향, 주거환경과 범죄와의 다양한 연관성 등을 설명하면서 셉테드의 개념을 제기하고 공론화한 인물로 평가받고 있다.

그런데 뜻밖에도 제이콥스는 도시계획가나 건축설계자가 아닌 저널리스트였다. 그녀는 도시계획·공간디자인과 관련된 글을 많이 쓰면서 이것이 인간의 삶에 미치는 영향을 통찰하게 되었다. 전문가가 아닌 일반인의 입장에서 솔직하게 쓴 것이 오히려 더 강한 영향력을 갖게 된 것으로 보인다.

'범죄예방환경디자인'이란 용어는 1971년 레이 제프리(Ray Jeffery)의 저서 『범죄예방환경디자인(*Crime Prevention Through Environmental Design*)』에서 처음 사용되었다. 이 책은 도시 설계(Urban Design)와 범죄와의 상관관계를 설명한 것이다.

오스카 뉴먼(Oscar Newman)은 『방어공간(*Defensible Space*)』이라는 그의 책에서 '자연적 감시', '접근통제 및 영역에 대한 관심'의 중요성을 설명하면서 소유욕이나 영역감의 부족이 범죄 행위와 밀접한 관계에 있다는 것과 건물을 설계할 때 그 형태나 용도를 고려해야 한다는 점을 강조하였다.

범죄예방설계의 개념을 정립한 학자들

제인 제이콥스	**레이 제프리**	**오스카 뉴먼**
1961년 『미국 대도시의 죽음과 삶』을 통해 도시 설계와 범죄와의 관계를 설명함으로써 CPTED 개념을 공론화한 것으로 평가받는다.	1971년 저서 『범죄예방환경디자인』에서 처음으로 CPTED라는 용어를 사용하였다. 도시 설계와 범죄와의 상관관계를 설명하였다.	1972년 '도시 거주 지역 방범 프로젝트'를 수행하면서 방어적 공간(Defensible space)이란 개념을 제시하였다.

1.3. 범죄예방 환경설계의 중요성

1954년 미국 미주리주 세인트루이스에 건설된 프루이트 아이고(Pruitt-Igoe) 아파트는 공공주택 프로젝트의 하나로 지어진 대규모 임대아파트 단지였다. 미국건축가협회(AIA) 주관으로 열린 국제현상설계에서 일본인 건축가 미노루 야마자키(Minoru Yamasaki)의 설계가 당선되어 지어진 이 아파트 단지는 건축 단계에서는 "모더니즘 주거 건축의 정수"라는 극찬을 받으며 각종 건축상을 수상하고 미디어로부터 온갖 찬사를 받았다.

그러나 거주자 행태를 고려하지 못한 설계로 범죄가 빈번하게 발생하는 곳으로

미국 세인트루이스의 프루이트 아이고 아파트 단지

11층 43개 동 2,700여 가구 1만 3천여 명이 거주할 수 있는 대규모 단지로 건설된 프루이트 아이고 아파트 단지.

1972년 3억 달러라는 기하학적 재산 손실을 감수하고 철거된 프루이트 아이고 아파트 단지.

전락하여 지어진 지 18년 만인 1972년, 3억 달러라는 기하학적 재산 손실을 내고 철거되었다. 이는 거주자 행태를 고려하지 않은 설계가 얼마나 큰 문제점을 낳는지 알게 한 대표적인 사례로 꼽힌다.

이 아파트 단지의 실패로 많은 설계자와 연구자들이 공간과 인간의 삶이 갖는 의미와 관계에 대해 심도 있는 연구와 관찰을 하게 되었다.

범죄예방환경설계 일을 하다 보면 '하인리히 법칙(Heinrich's law)'이 떠오를 때가 많다. 하인리히 법칙은 지금으로부터 90여 년 전인 1929년 하인리히가 발표한 내용으로, 세월이 많이 흘렀음에도 불구하고 지금도 상당한 신빙성을 갖고 있는 이론이다. 하인리히 법칙은 한마디로 크고 작은 일이 어떤 상관관계를 갖고 있는지 도출해 낸 원리이다.

하인리히는 미 해군 장교 출신으로 보험회사에서 보험감독관으로 산업재해 관련 일을 하였다. 그는 크고 작은 각종 산업재해를 보며 그 사고들 사이에 모종의 상관관계가 있을 것이라고 확신하게 되었다. 이후 본격적인 연구에 착수한 그는 보험회사에 접수된 5만 건의 사건·사고 자료들을 분석한 끝에 마침내 이들의 통계적 상관관계를 밝혀냈다.

그의 연구에 따르면 한 번의 대형 사고, 이를테면 산업재해로 사망 사고가 발생했다면 그 이전에 동일한 원인으로 인한 부상이 29건 발생했으며, 부상으로까지 이어지지는 않았지만 사고가 날 뻔한 경우가 300건 정도 있었다고 한다.

우리나라 교통 관련 연구원에서 발표한 자료도 이와 근사한 수치를 보인다. 교통사고로 사망자가 발생하는 장소에서는 그 이전에 35~40회 정도의 가벼운 사고가 있었고, 300건 정도의 교통법규 위반 사례가 적발되었다는 것이다. 가벼운 교통사고나 경미한 접촉 사고라도 자주 발생하는 장소에서는 머지않아 대형 교통사고가 기다리고 있다는 말이다.

이를 사회적 사건·사고에 적용해 본다면 강력범죄 사건 하나가 발생했다면 동일 수법의 경범죄가 29회, 범죄로 이어지지는 않았지만 범죄

시도가 300건 정도 있다는 의미로 해석할 수 있다.

또, 하인리히는 사고로 인한 재해 비용에 대해서도 통계적으로 의미 있는 가설을 내놓았다. 하나의 사고로 인해 재해가 발생한 경우, 직접비용이 하나라면 간접비용은 넷이라는 것이다. 따라서 재해 비용 전체를 계산하려면 직접적인 손해 비용에 곱하기 5를 해야 한다고 말한다. 눈에 보이는 직접적인 손해보다 보이지 않는 간접적인 손실이 더 크다는 이야기다.

이후 하인리히 법칙은 타이와 피어슨의 연구로 훨씬 더 정교해졌다. 그들이 영국 보험회사의 사건·사고 100만 건을 분석하여 발표한 결과를 보면 사망 사고 1건 뒤에는 중·경상 3건, 응급처치 50건, 물손 사고 80건, 사고가 날 뻔한 사례가 400건 있었던 것으로 집계되었다고 한다.

이 법칙은 모든 자연 현상과 사회 현상에 공통적으로 적용된다고 한다. 어떤 사회적 큰 사건이 일어날 때도 특정 사건이 어느 날 갑자기 발생하는 것이 아니라 이를 암시하는 작은 사건이 잇따라 지나갔다는 것이다.

앞서도 말했듯이, 범죄는 개인의 재산이나 신체상 피해뿐만 아니라 심리적 불안감을 가중시켜 삶의 질 저하는 물론, 막대한 유·무형의 사회경제적 손실을 가져온다. 사고 발생을 미연에 방지하는 것이 개인과 공동체 삶의 질을 향상시키고 사회 문제를 줄이는 가장 좋은 방법임을 다시금 확인하게 된다.

1.4. 범죄예방 환경설계의 기본 원리

범죄예방환경설계에 필요한 기본 개념은 연구자에 따라 다소 차이가 있지만 대체로 다음 여섯 가지로 나눌 수 있다. ① 접근통제, ② 영역성 강화, ③ 감시 강화, ④ 활동의 활성화(행위 지원), ⑤ 명료성 강화, ⑥ 유지관리가 그것이다. 다른 분야도 마찬가지지만 이것들을 적용하는 기준은 각각의 실행과 더불어 유기적 관계를 맺고 있다.

이 중에서 가장 중심이 되는 요소는 '접근통제와 감시 강화'이다. 이 두 가지 요소를 설계하는 과정에서 '영역성 강화, 명료성 강화, 활동의 활성화(행위 지원), 유지관리' 등을 적용할 수 있다.

이 여섯 가지 개념은 앞서 말한 것처럼 서로 유기적인 관계를 맺고 있다. 예를 들어 '담장' 설치는 영역성 강화와 접근통제 두 가지를 위해 필요하다. 최근 권장되고 있는 투시형 펜스는 자연감시를 위한 것이다. 또한 적정한 유지관리를 통해 본래의 기능을 유지한다고 볼 때, 담장 하나에도 영역성, 접근통

범죄예방환경설계의 기본 개념

접근통제 Access Control	영역성 강화 Territoriality	감시 강화 Surveillance (natural, equipment)	활동의 활성화 Activity Support	명료성 강화 Legibility	유지관리 Maintenance Management

제, 자연감시, 유지관리 등 여러 가지 이론과 개념이 유기적인 관계를 맺고 사용된다는 것을 알 수 있다.

기존의 전통 범죄학이 범죄를 '가해자에 의한 불법적인 행위'로 규정하고 범죄자에 초점을 두고 있다면, 셉테드를 포함한 이른바 '환경범죄학'에서는 범죄가 발생하는 환경적(또는 상황적) 요인에 더 초점을 두고 있다. 범죄가 발생하는 곳에는 시공간적으로 나름 일정한 환경 패턴이 존재한다는 이유에서이다. 따라서 이러한 환경 패턴을 변화시킨다면 범죄 발생이 줄어든다는 것이 환경범죄학자들의 주장이다.

여기서 말하는 환경이란 사회적·물리적·인문학적 여건을 모두 포함한다. 이러한 환경에 변화를 주고 상황을 변화시켜 공동체 구성원의 삶을 긍정적으로 변화시키는 것이 범죄예방환경설계의 궁극적 목적이다.

범죄예방환경설계의 기본 원리와 목적

CPTED | '환경설계를 통한 범죄예방'
범행기회를 심리적·물리적으로 억제하는 것
Crime Prevention Through Environmental Design

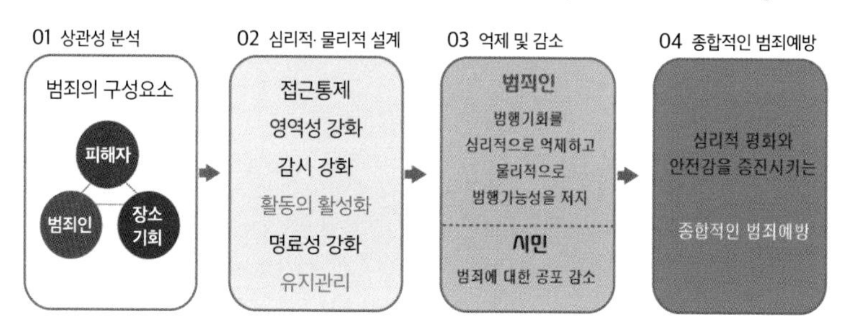

셉테드 존(CPTED Zone)은 크게 환경적·물리적·심리적 구성 요소로 나눌 수 있다. 이는 범죄자나 시민 모두 이 세 가지 환경의 영향을 복합적으로 받기 때문이다. 넓은 의미에서 환경적 요소에 물리적·심리적 구성 요소도 포함시킬 수 있다. 물리적 요소는 도시나 건축물의 형태 등을 의미하고, 심리적 요소는 공동체 구성원의 생활·문화·교육적 배경으로 인한 심리 상태를 말한다. 이런 사회·인문학적 배경을 포함한 물리적 상황 등이 결국 환경을 규정하기 때문이다. 즉, 자연적·인문적·물리적 환경이 복합적으로 존재한다는 말이다. 이러한 점은 비단 셉테드에만 적용되는 것은 아닐 것이다.

여기서 강조하고 싶은 것은 셉테드가 꼭 물리적 환경만을 고려하는 게 아니라는 사실이다. 많은 관련자들이 셉테드가 물리적 환경에 주안점을 두고 있다고 생각한다. 하지만 물리적 배경을 변화시키기 위해서는 무엇보다도 심리적·인문적 배경에 주안점을 두고 이를 바탕으로 물리적 환경의 변화를 유도하지 않으면 안 된다.

범죄예방환경설계의 종합적 목표

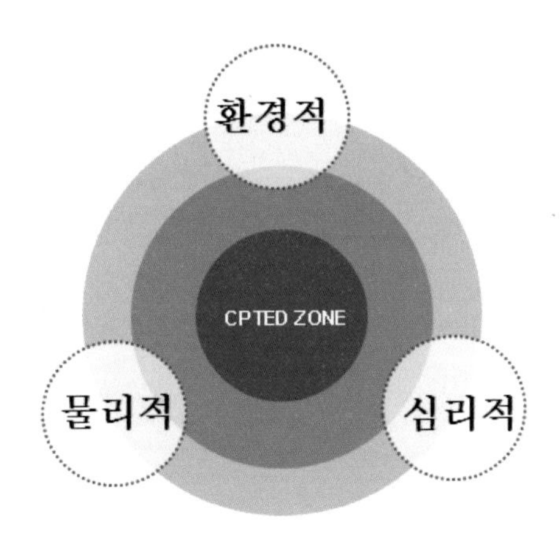

건축이나 도시계획의 모든 공정은 개별적이면서도 상호 유기적으로 연결되어 있다. 특히 셉테드는 공간 구조, 심리적 구조, 설계 자재 등 여러 가지 측면에서 복합적으로 이루어져야 한다. 이를 위해서는 설계·시공 단계부터 복합적으로 이러한 문제들을 검토해야만 한다. 또한 시공 후 사용하는 과정에서도 지속적으로 공간과 이용자의 특성에 맞게 적용하고 검토해야 한다.

따라서 관련 가이드라인이나 지침을 반영하여 계획된 범죄예방환경설계라 하더라도 전문가의 자문을 받아 시행하는 것이 중요하다. 공간마다 특이성이 있기 때문에 가이드라인만으로는 한계가 있을 수밖에 없기 때문이다.

자문 방식에는 전문기관을 통한 자문과 전문가들로 구성된 자문위원회를 구성하는 방식 두 가지가 있다. 전문기관을 이용하는 방법으로는 한국셉테드학회에서 인증 절차를 통하여 다양한 각도에서 검증하는 과정을 거치고 있으므로 이를 참고하면 좋을 것이다.

전문가와 전문기관은 주간·야간 및 지역의 특성을 반영한 시간대에 현장을 방문하여 현재의 상황을 파악하고, 주민들의 의견을 수렴하는 한편, 관련 자료 분석을 통해 객관적인 의견을 제시해야 한다.

셉테드는 시공 후 관리도 중요하다. 일시적인 이용 편의를 위해 임의로 관련 공간의 형태나 시설물을 변경하는 것은 처음의 의도와 다르게 상황을 변화시킬 수 있기 때문이다. 따라서 시공 후에도 주기적인 점검을 통해 본래의 취지와 부합하게 유지·관리하고 변화시키는 것이 바람직하다.

범죄예방환경설계와 사후관리 과정

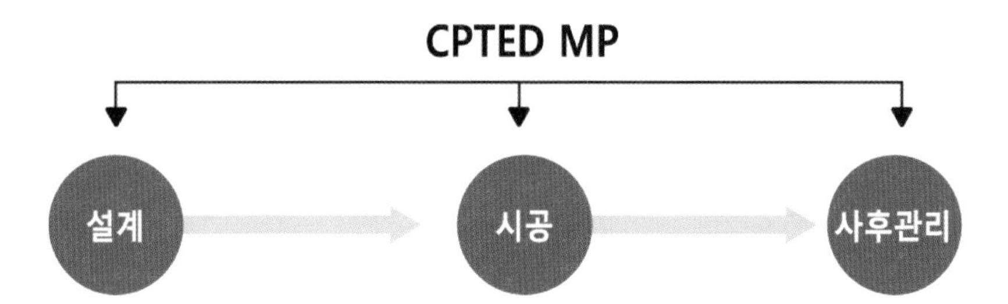

그렇다면 범죄예방환경설계를 할 때 어떤 점을 주의해야 할까? 범죄예방환경설계 시 고려해야 할 점은 크게 여섯 가지다. ① 접근통제, ② 영역성 강화, ③ 감시 강화, ④ 활동의 활성화, ⑤ 명료성 강화, ⑥ 유지관리이다. 적절한 사례 또는 이미지를 들어 이들 개념을 설명하기로 한다. 이들 이론은 개별적·상호보완적으로 적용된다.

1) 접근통제(Access Control)

접근통제는 범죄예방환경설계에서 가장 직접적이고 적극적인 방법이다. 인적 경비와 보안 설비(잠금장치 등)라는 물리적·기계적 시스템을 통해 접근을 통제하는 것이다. 접근통제는 영역성 강화와 연관성이 매우 크다. 접근통제라는 것이 직접적으로 영역을 구분짓기 때문이다.

다음은 국토교통부 「건축법」 제53조의 2 및 「건축법 시행령」 제61조의 3에 따라 범죄예방 건축기준을 고시한 내용 중 각 항목별(접근통제, 영역성 확보, 활동의 활성화 등) 내용을 분류한 것이다. 이해를 돕기 위해 추가로 필요한 사항을 설명하였다.

국토교통부 범죄예방 건축기준 고시(접근통제)

제1장 총칙	제2조(용어의 정의) “접근통제”
2. “접근통제”란 출입문, 울타리, 조경, 안내판, 방범시설 등(이하 “접근통제시설”이라 한다)을 배치하여 외부인의 진·출입을 통제하는 것을 말한다.	
제2장 범죄예방 공통 기준	**제4조(접근통제의 기준)**
① 보행로는 자연적 감시가 강화되도록 계획하여야 한다. 다만, 구역적 특성상 자연적 감시 기준을 적용하기 어려운 경우에는 폐쇄회로 텔레비전, 반사경 등 자연적 감시를 대체할 수 있는 시설을 설치하여야 한다. ② 대지 및 건축물의 출입구는 접근통제 시설을 설치하여 자연적으로 통제하고, 경계 부분을 인지할 수 있도록 하여야 한다. ③ 건축물의 외벽에 범죄자의 침입을 용이하게 하는 시설은 설치하지 않아야 한다.	

2) 영역성 강화(Territoriality)

'영역'이란 "특정 대상에 대해 권리를 주장하거나 책임의식을 유발할 수 있는 심리적·물리적 범위 또는 경계"를 의미하는 것으로 사적 공간(private space), 반사적/반공적 공간(semi-private, semi-public space), 공적 공간(public space) 3단계로 구분할 수 있다.

국토교통부 범죄예방 건축기준 고시(영역성 확보)

제1장 총칙	제2조(용어의 정의) "영역성 확보"
3. "영역성 확보"란 공간 배치와 시설물 설치를 통해 공적 공간과 사적 공간의 소유권 및 관리와 책임 범위를 명확히 하는 것을 말한다.	
제2장 범죄예방 공통 기준	**제5조(영역성 확보의 기준)**
① 공적(公的)과 사적(私的) 공간의 위계(位階)를 명확하게 인지할 수 있도록 설계하여야 한다. ② 공간의 경계 부분은 바닥에 단(段)을 두거나 바닥의 재료나 색채를 달리하거나 공간 구분을 명확하게 인지할 수 있도록 안내판, 보도, 담장 등을 설치하여야 한다.	

대상 공간이나 시설에 영역성을 부여하기 위해서는 특정 시설물을 설치하거나 전이 공간에서 디자인이나 패턴을 변화시키는 등 실질적이거나 상징적인 기법을 사용한다. 이를 통해 범죄 또는 반사회적 행태에 대한 지역주민들의 직·간접적 통제가 이루어지도록 하는 것이다(LH, 『범죄예방기법 설계적용사례집』, 2011).

영역성 강화란 한마디로 대상지의 명확한 행정적·심리적 경계선에 대한 영역 표시다. 행정적·심리적 경계 표시를 위해 울타리나 표지판 등을 세우는 것이다. 접근통제에 사용되는 울타리나 출입문, 문주 등 공간 영역을 표시할 수 있는 소재들이 포함된다.

따라서 공적 공간과 사적 공간의 위계를 명확하게 인지할 수 있도록 설계해야 한다. 공간의 경계 부분은 바닥에 단(段)을 두거나 바닥의 재료와 색채를 달리하여 공간을 명확하게 구분할 수 있도록 하는 것이 좋다.

영역성 강화는 접근통제와 연관성이 크다. 영역성 강화와 접근통제는 특히 '자연적 감시'와 밀접한 연관이 있다. 자연적 감시를 고려하여 설계해야 효과가 크기 때문이다.

영역성 강화는 명료화와도 밀접한 연관이 있다. 공간의 경계 부분 바닥에 단을 두거나 바닥의 재료와 색채를 달리하여 명확하게 공간을 구분할 수 있도록 설치하는 것이 곧 명료화를 높일 수 있는 시행 기법이기 때문이다.

3) 감시 강화(Surveillance)

감시 강화 방법에는 시각적인 접근과 노출을 최대화하는 자연적 감시(Natural Surveillance)와 경비·CCTV 등의 인적·장비를 통한 물리적 감시(Artificial Suveillance) 두 가지가 있다

자연적 감시(Natural Surveillance)

국토교통부 범죄예방 건축기준 고시(감시 강화)

제1장 총칙	제2조(용어의 정의) "자연적 감시"
1. "자연적 감시"란 도로 등 공공 공간에 대하여 시각적인 접근과 노출이 최대화되도록 건축물의 배치, 조경의 식재, 조명 등을 통하여 감시를 강화하는 것을 말한다.	

범죄예방환경설계라는 개념을 최초로 정립한 것으로 평가되는 제인 제인콥스가 강조했던 "거리의 눈(eyes on the street)"과 오스카 뉴먼이 강

조한 방어공간 이론의 네 가지 필수 요소 중 하나인 '주민들에 의한 일상적인 영역 감시'는 모두 자연감시 기능을 강조한 것이다. 자연감시 기능 강화는 공간과 시설물의 은폐 공간을 최소화하는 것을 기본으로 하되, 이용자들의 활동을 활성화(행위)함으로써 자연스럽게 감시 기능을 높이는 것을 말한다. 좀 더 세부적으로 살펴보면 다음과 같다.

- 자연적 감시 기능은 공간의 구조와 위치를 고려하고 이용자 구성원들의 행위를 지원하여 '거리의 눈'을 활성화하는 것이다.
- 자연적 감시는 공간이나 시설물을 계획할 때 주변에 대한 가시 범위를 최대화하는 것으로, 기계 경비나 인적 경비에 의한 감시보다 일상생활을 하면서 자연스럽게 주변을 살피면서 외부인의 침입 여부를 관리하고, 이웃 주민과 낯선 사람들의 활동을 구분함으로써 범죄와 불안감을 저감시키는 원리이다(LH, 『범죄예방기법 설계적용 사례집』, 2011).
- 공적 공간의 경우, 내부가 보일 수 있도록 투명 펜스나 문, 창을 이용하고 창의 크기를 키워서 자연스럽게 볼 수 있는 공간을 넓힌다. 최근에는 마을 입구나 단지 입구, 갈림길에 주민 휴게 공간을 마련하여 주민들의 움직임을 서로 인지하여 어려운 상황이 생길 경우 바로 도움을 주고받을 수 있는 형태로 만들고 있다. 최근에는 24시간 편의점 등, 특히 야간에 영업하는 상점들(대부분 소매업)이 이러한 역할을 일부 간접적으로 수행하고 있다.
- 자연감시 기능과 '활동의 활성화(행위 지원)'는 밀접한 관계가 있다. 활동의 활성화(행위 지원)는 주민들의 모임, 방범 활동, 운동, 산책 등이 활발하게 이루어질 수 있도록 지원하여 주민들이 모이는 공간에서 자연감시 기능이 강화되고 주민들 스스로 구성원과 마을에 대한 관심을 갖게 함으로써 집단효율성(collective efficacy)'을 높이는 것이다.
- 건축물의 창문과 발코니는 외부 조망이 가능한 구조를 권장한다. 업무 공간이나 상업적 건물의 경우, 불특정다수가 출입하는 곳이 많다. 이에 대한 보안을 강화하기 위해서는 업무적 보안이나 사생활을 보호하는 선에서 자연적 감시 기능을 강화하는 것이 중요하다.

자연감시와 영역성 강화를 위한 건축물 전면 계획(주상복합)

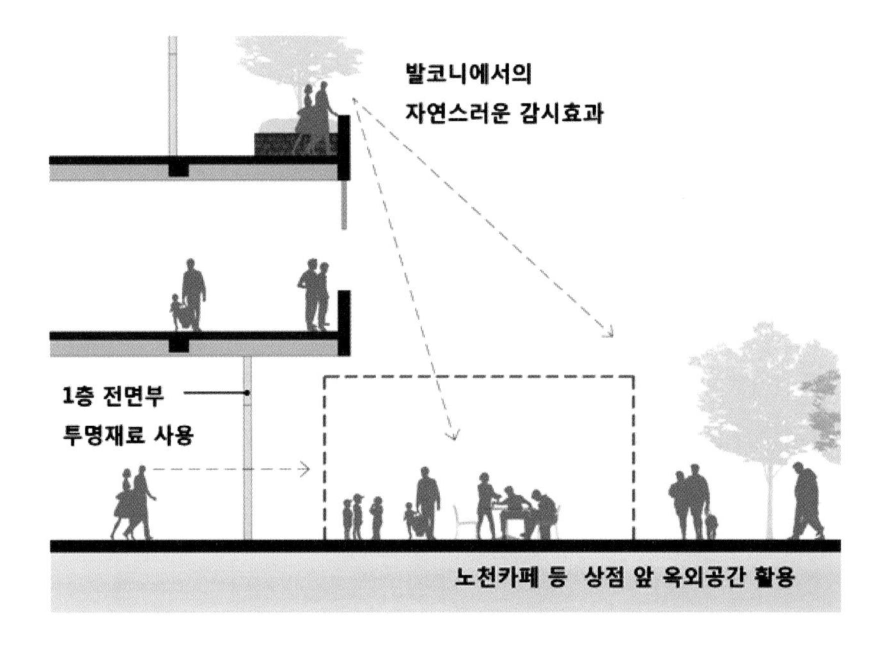

인위적(인적·기계적) 감시(Artificial Surveillance)

인위적 감시란 인력(경비실·보안실)이나 기계적 장비(CCTV 등)를 활용한 감시를 말한다. 인적 감시는 2장 공간 및 항목별 범죄예방환경설계 4절 , 기계적 감시는 8절에서 자세히 설명하기로 한다.

4) 활동의 활성화(행위 지원, Activity Support)

'활동의 활성화'는 공동체의 '행위 지원', '활용성 증대', '활동성 증대' 등 몇 가지 다른 용어로도 쓰이고 있다. 이것은 '거리의 눈'에 의한 감시 효과를 높이는 것으로, 사람들이 공간 또는 시설을 이용하거나 생활하면서 자연스럽게 주변을 감시하도록 함으로써 범죄 행위 자체를 위축시키는 것을 말한다. 따라서 활용성 증대를 위해서는 다양한 행위를 유발할 수 있도록 공간과 시설을 디자인하는 것이 중요하다(LH, 『범죄예방기법 설계 적용 사례집』, 2011).

국토교통부 범죄예방 건축기준 고시(활동의 활성화)

제1장 총칙	제2조(용어의 정의) "활동의 활성화"
4. "활동의 활성화"란 일정한 지역에 자연적 감시를 강화하기 위하여 대상 공간 이용을 활성화 시킬 수 있는 시설물 및 공간 계획을 하는 것을 말한다.	
제2장 범죄예방 공통 기준	**제6조(활동의 활성화 기준)**
① 외부 공간에 설치하는 운동시설, 휴게시설, 놀이터 등의 시설(이하 "외부시설"이라 한다)은 상호 연계하여 이용할 수 있도록 계획하여야 한다. ② 지역 공동체(커뮤니티)가 증진되도록 지역 특성에 맞는 적정한 외부 시설을 선정하여 배치 하여야 한다.	

'활동의 활성화'는 자연적 감시와도 연관이 깊다. 마을회관, 쌈지공원, 마을 입구 정자 등이 대표적인 예라 할 수 있다. '행위 지원'은 주민들이 모임이나 방범 활동, 운동, 산책 등을 활발하게 할 수 있도록 지원함으로써 주민들이 모이는 공간에서 자연감시 기능이 강화되고 주민들 스스로 구성원과 마을에 대한 관심을 갖게 하여 '집단효율성(collective efficacy)'을 높이는 것이다.

최근에는 지하나 사각지대가 될 수 있는 공간에 주민 참여 시설이나 운동 시설을 설치하여 자연감시 효과를 높이는 정책이 활발하게 펼쳐지고 있다. 공동체 활동의 활성화야말로 집단효율성을 높일 수 있는 최적의 방안으로 평가되기 때문이다. 집단효율성은 범죄예방환경설계에 포함된 사회심리적 요소의 대표적인 개념이라고 할 수 있다. 집단효율성은 비공식적인 사회 통제로, 지역주민들 간의 '결속력(cohesion)'을 통해 지역사회의 황폐화와 무질서를 해결하고, 나아가 범죄 행위에 적극적이고 집단적으로 대응하는 것을 말한다.

공동체 활동으로 생겨나는 집단효율성은 그 어떤 통제 장치나 영역성 확보보다 범죄예방 효과가 크다. 사람들이 사는 공간에서는 서로에 대한 관심과 도움이 절대적으로 필요하다는 것을 알 수 있다. 한때는 기계가 인간의 모든 기능을 대체해 줄 것처럼 이야기되었지만, 기계에만 의존하고 사람들 간의 소통이 사라진 결과는 다른 치명적인 문제점을 발생시켰다. 이런 많은 문제점을 해결할 수 있는 방안이 바로 이웃들 간의 자연스런 교류와 관심이라는 것에 이제는 모두 공감하고 있다.

이와 상통하는 의미로 '사회적 통제 이론'이 있다. 사회적 통제가 약해지면 범죄율이 높아지고, 사회적 유대감이 높아지거나 통제가 강화되면 범죄가 줄어든다는 이론이다. 이 이론은 범죄의 원인을 인간의 내재적 속성으로 파악하는 생물학적·물리학적 관점과 달리, 범죄의 원인을 개인과 환경과의 상호작용에서 찾는다.

사회적 통제 이론에 따르면 인간은 주어진 환경에 따라 태도나 행동양식, 성격이 결정된다고 보기 때문에 범죄의 원인으로 범죄자의 내재적 성향보다는 사회적 환경을 강조하는 입장을 취하고 있다. 여기서의 사회적 환경은 공동체의 환경과 밀접한 관련이 있다. 서로의 생활 환경에 직·간접으로 영향을 주는 공동체들 간의 유기적 움직임이 결국 사회적 환경을 조성한다고 보기 때문이다.

공동체 활동을 증대시키기 위한 방법으로는 커뮤니티 시설의 확충과 위치 선정, 프로그램 운영 등이 있다. 커뮤니티 시설이란 주민이 공동으로 사용하는 모든 공간을 가리킨다. 이러한 공간을 배치할 때 주차장, 어린이 놀이터, 유치원 등이 잘 보이는 곳과 연계함으로써 수상한 외부인을 감시할 수 있는 기능을 강화하는 것이다. 최근에는 지하주차장이나 주민운동 시설, 모임 시설을 연계 배치하여 이른바 외진 공간에서 벌어질 수 있는 사건·사고에 좀 더 빨리 대응할 수 있도록 하고 있다.

5) 명료성 강화(Legibility)

'명료성 강화'란 공간과 시설을 쉽게 인식하고 이용할 수 있도록 계획하는 것을 말한다. 공간과 시설을 쉽게 인식하기 위해서는 공간의 흐름을 방해하는 동선이나 시설물 계획을 지양하고 안내판이나 그 밖의 인식이 용이한 구조물, 색상 등을 사용하여 차별화한다.

'명료화'는 이용의 편의성뿐만 아니라 위험 요소를 제거하는 과정이기도 하다. 진입로·주차장 등에서 차나 이용자가 목적지를 쉽게 인식하고 찾아갈 수 있도록 도와주는 것이 명료화의 역할이다. 만약 진입로나 주차장에서 쉽게 찾지 못할 경우 '함정 공간(entrapment spot)으로 들어갈 수도 있고, 다른 차와 맞닥뜨려 위험하거나 난처한 경우가 생길 수 있기 때문이다. 위치 정보나 이용 방법을 효과적으로 전달하기 위해서는 안내판을 설치할 때 색채·재료·조명 등으로 이미지를 강화한다.

명료성 강화는 영역성 강화와도 연관이 깊다. 명료성 강화는 이용성이 다른 공간의 소재와 색채를 달리해 이용성을 상기시켜 주거나 이용하기 쉽도록 안내하는 역할을 한다. 소재와 색채를 달리하는 과정에서 영역성 인식에 도움을 주기도 한다.

위계를 명확히 하기 위해 색채·재료 등을 분리하여 사용하기도 한다. 외부와의 경계, 바닥 레벨의 변화, 상징물, 조명 등을 설치하는 것이다. 문주 디자인 차별화, 안내판 설치, 여성 전용 주차장, 장애우 주차장, 비상벨, CCTV 기둥 등의 색상이나 형태를 차별화하는 것도 명료화를 강화하는 좋은 예라 할 수 있다. 이것 역시 영역성 강화와 연관이 깊다.

주차장은 조도가 낮은 경우도 많고, 차량 때문에 주변이 잘 안 보이는 경우도 많다. 따라서 출입구나 찾고자 하는 목적지를 최대한 명확하게 인식할 수 있도록 계획한다. 또 공간의 이동 흐름을 명확하게 느낄 수 있도록 색상·픽토 등 다양한 방법을 사용한다.

주차장 명료성 강화 방안

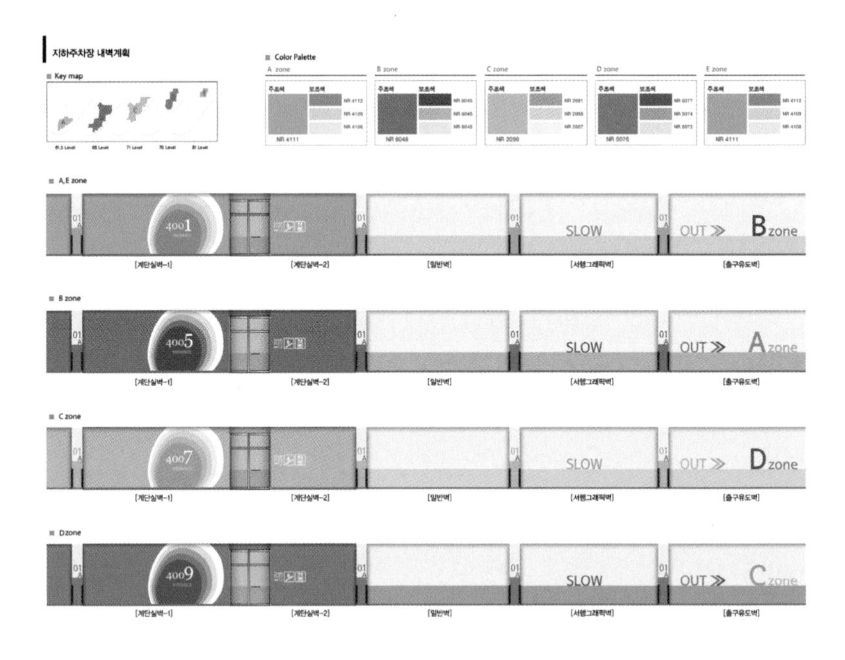

6) 유지관리(Maintenance Management)

'유지관리'는 지금까지 말한 다섯 가지 요소를 반영해 조성한 후 원래의 목적대로 꾸준히 사용될 수 있도록 관리하는 것이다. 예를 들어 접근통제 기능이 약화되지 않도록 지속적인 관리를 한다든지, 감시 강화를 위해 설치한 CCTV 등이 무용지물이 되지 않도록 하는 것이다. 또한 자연적 감시를 강화하기 위해 만든 공원이나 주민시설 등을 꾸준히 관리하여 원래의 목적대로 사용할 수 있게 하는 것이다.

유지관리 이론은 '깨진 창 이론(Broken Window Theory)'이라고 해도 과언이 아니다. 관리되지 않은 환경에서는 사소한 경범죄부터 심각한 강력범죄까지 빈번하게 일어난다는 것이 연구 결과 입증되었기 때문이다.

결국 유지관리는 황폐해진 환경에 대한 정비 및 셉테드 원리가 지속적으로 유지될 수 있도록 하는 관리 기법을 말한다. '깨진 창 이론'을 통해서 알 수 있듯이 황폐해지거나 관리되지 않는 공간과 시설에서는 범죄행위가 증가할 수 있기 때문이다. 각종 범죄예방 대책이 효과를 발휘하기 위해서는 지역주민들의 관심과 책임의식에 바탕한 지속적인 유지관리가 무엇보다도 중요하다(LH, 『범죄예방기법 설계적용 사례집』, 2011).

우리는 도심에서 흔히 버려진 공간(dead space), 방치된 공간 등을 쉽게 볼 수 있다. 다음의 사례들은 이곳들을 주민들의 의견을 반영하고 전문가들과 같이 조성하여 보기 좋고 안전한 공간으로 조성한 경우이다.

유지관리 반영 전과 반영 후

쌈지공원 1(은행나무) – 반영 전과 반영 후

관리되지 않은 수목들이 뒤엉켜 있고, 고양이와 쥐의 서식지로 방치된 공간이었다. 마을과 세월을 같이 한 오래된 은행나무는 그대로 두고 휴게시설과 조명을 중심으로 설계하여 주민들이 편안하게 쉴 수 있는 공간을 만들어 야간의 위험 요소를 줄이고자 하였다.

쌈지공원 2 – 반영 전과 반영 후

불투명 담을 자연감시 기능을 높이기 위하여 투명담으로 교체한 경우로, 소음 방지를 위해 강화유리나 그 밖의 비슷한 조건의 소재로 교체한다. 어두운 곳일 경우 조명을 일정하게 설치하되 주변에 빛 노출로 인한 피해가 없도록 보행등 위주로 설치한다.

빈집 외형 조성 – 반영 전과 반영 후

빈집인 이유로 관리가 미흡해 스산한 분위기를 조성하고 위험한 공간으로 사용되던 곳을 보수하여 보기 좋고 안전한 공간으로 조성하였다. 내부의 쓰레기 및 필요 없는 물품을 제거하여 깨끗한 환경으로 조성되었다.

다음은 범죄예방환경설계 이론에 대한 이해를 돕기 위해 내용을 요약 정리한 것이다.

범죄예방환경설계 이론 요약과 참고 이미지

1 접근통제	■ 부적절한 외부인의 출입을 통제하는 공간 및 시설 계획 출입문, 울타리, 조경, 안내판, 방범시설 등을 배치하여 외부인의 진·출입을 통제하는 것을 말한다. 가. 건축물과 부지 경계는 외부인이 침입하지 못하도록 설계한다. 나. 출입문의 잠금장치가 대표적이다.
2 영역성 강화	■ 공간을 물리적·심리적으로 소유 또는 사용성 위계 정리 가. 공적인 장소와 사적인 장소 간 공간의 위계를 명확히 계획한다. 나. 외부와의 경계부나 출입구에는 문·펜스 등을 설치하고 포장이나 색채의 차별화, 바닥 레벨의 변화, 상징물, 조명 등을 설치하여 공간 구분을 명확히 하고 영역 의식을 발휘할 수 있도록 한다. 다. 위치 정보나 지역의 용도 등을 명확히 하기 위하여 안내판을 설치한다.

3 감시 강화

① 자연적 감시
② 물리적(기계적) 감시

■ 주변을 잘 볼 수 있고 은폐 장소를 최소화한 공간 및 시설 계획
도로 등 공공 공간에 대하여 시각적 접근과 노출이 최대화되도록 건축물 배치, 조경 식재, 조명 등을 통하여 감시를 강화한다.

가. 건물의 구조, 조명, 수목 배치 등을 범죄예방환경설계 관점에서 설계하여 자연적 감시 기능을 높이는 것이다.

나. 투명펜스, 투명문 등 공적인 공간을 자연스럽게 볼 수 있도록 하고 벽의 위치, 창의 위치·크기 등을 범죄예방에 도움이 되도록 설계하는 것이다.

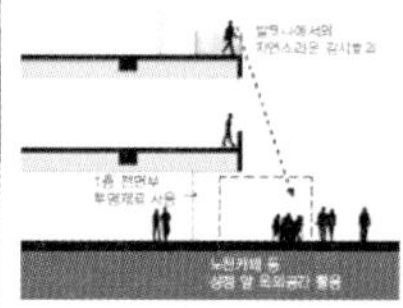

다. 단지나 마을 입구에 휴게 공간을 만들어 주민들의 움직임을 서로 인지할 수 있도록 하는 것이다.

라. 관리사무소나 CCTV를 통하여 외·내부인들의 움직임을 살펴보는 것이다.

4 활동의 활성화 (행위 지원)

■ 일정한 지역에 자연적 감시를 강화하기 위하여 대상 공간 이용을 활성화시킬 수 있는 시설물 및 공간 계획하여 이용자들의 행위를 활성화하는 것

가. 주민 모임, 방범 활동, 운동, 산책, 교육 등 다양한 활동과 프로그램 운영을 지원하여 자연감시 기능을 높인다.

5 명료성 강화 및 유지관리

■ 명료성 강화는 정확한 공간 및 시설 사용을 유도하고 올바른 정보를 제공한다.

가. 각 건축물의 용도와 위치에 맞는 기능을 명확하게 표시해 주는 것이다.

나. 층별 색채 계획, 안내판 설치 등이 해당된다.

- 청소·보수·수리 등을 통한 환경 유지
- 안내문을 통한 이용 및 관리 문구 제공을 통하여 지속적으로 환경을 관리

■ 유지관리는 처음 설계된 의도대로 지속될 수 있도록 유지관리하는 것이다. 기능 유지, 청결을 위한 행위가 이에 해당한다.

다음 표는 건축과 도시계획 시 범죄예방환경설계에서 고려해야 할 공간 항목을 구분해 놓은 것이다. 공간 유형별로 정리하였으나 조명, 조경, 잠금장치, 투시형 구조 등은 어느 공간에나 존재하기 때문에 일부 중복될 수도 있다. 자세한 내용은 각각의 분야에서 좀 더 자세히 다룰 것이다.

건축과 도시계획 시 범죄예방환경설계에서 고려해야 할 공간과 항목

구 분	세부 공간
① 출입문, 담장(울타리), 세대 현관문 및 창문	**출입구(지상·지하), 담장(울타리)** 통제 공간 및 시설 중 창문, 담장 및 울타리, 배관, 옥상, 지하는 원래의 사용 목적과 달리 출입 경로로 사용될 수 있는 공간이다. 창문과 담장 및 울타리 등에는 다양한 소재가 범죄예방환경설계 목적으로 사용되고 있다.
② 보행로, 산책로, 건물 진입로, 단지 내 차로	보행로 및 차로는 사람이 이동하는 1차 출입 경로이다. 1차적인 출입 경로를 어떻게 통제하느냐가 범죄예방에서 가장 주요한 항목이다.
③ 부대시설 및 복지시설	**어린이 놀이터, 공원, 부대시설, 휴게시설, 커뮤니티 시설, 운동시설** 공용시설은 도시화와 주거시설의 대규모화·집약화로 인해 생겨난 시설로, 이용자들이 필요에 의해 공용으로 이용하는 공간이다. 공용으로 이용하는 공간인 만큼 특정, 불특정 다수의 이용은 여러 가지 상황을 발생시킨다. 이런 상황에서는 커뮤니티 활성화 같은 긍정적 상황이 많을 수 있으나, 간혹 발생하는 이용자들 간의 마찰과 범죄는 위험한 부정적 상황이 되기도 한다. 이러한 부정적 상황을 통제하기 위한 공간 구성, 조명, 조경, 보안시설 및 장치 등 관련된 다양한 기법들이 접목된다.
④ 경비실(보안실), 택배함	관리실(보안실·경비실)은 건축물의 규모와 용도, 중요성에 따라 조성 형태와 규모가 다르다. 최근에는 고정비나 여러 가지 문제점 때문에 인적 경비를 줄이기 위해 기계적 경비에 대한 관심이 높다. 그러나 인적 경비는 아직 필요한 상황이다. 이에 인적 경비를 효율적으로 활용할 수 있는 방안을 검토해야 한다.

구 분	세부 공간
⑤ 차량 출입구 및 주차장	차량 출입구는 범죄예방뿐만 아니라 보행 안전을 위해서도 위치와 형태, 보안 방법이 중요하다. **지상·지하, 거주자·방문자 구분** 주차장은 장소의 특성상 외진 공간이 발생하고 차량 자체가 은신 공간의 역할을 하기 때문에 악의적인 의도로 사용되기 쉬운 공간이다. 이로 인해 최근에는 시각의 명료화뿐만 아니라, 사용성을 높여 자연적 감시 기능을 강화하기 위하여 보안시설, 커뮤니티 시설을 적극 설치하고 있다.
⑥ 조경	**수목의 수고, 지하고, 식재 위치, 식재 간격** 조경은 기존에 경관 조성에 관점을 맞춘 개념과는 다소 차이가 있다. 경관 조성뿐만 아니라 시선 처리, 배치 개념을 달리하여 자연감시 기능을 높여야 한다.
⑦ 조명	**보행로, 차로, 공용시설, 주차장, 출입구/복도/계단실** 범죄의 상당부분이 야간에 일어나는 것을 감안할 때 조명은 가장 기본적이고 중요하게 언급되는 요소이다. 여기에서는 조명의 효율적인 설치 방안에 대해서 기술하였다.
⑧ 보안시설 및 장치 (영상정보처리기기 외)	**영상정보처리기기〔CCTV(폐쇄회로 텔레비전)〕, 비상벨, 응급전화** 보안시설의 설계 방식을 살펴보고 좀 더 효율적으로 범죄예방에 대응하기 위해 노력해야 한다. 또한 다양한 관점에서 CCTV와 비상벨, 응급전화의 사양과 설치 방식에 관심을 갖고 효율성을 높이고 있다. 최근 다양한 제품이 개발되어 도입되고 있다. 제품에 대한 이해도를 높여 접목하는 것이 중요하다.
⑨ 승강기/복도/계단/건물 외벽	건물 이용에 필요한 공간이나 공용으로 사용, 관리되어 소홀할 수 있다. 공간의 특성이 다르므로 특성별로 적용하는 것이 중요하다.
⑩ 골목길, 건물과 건물 사이	영역성에 대한 공적·사적 경계가 모호해져 위험도가 높은 공간이다. 위계를 분명히 하도록 한다.
⑪ 안내시설 외	**공간 및 시설별 이용 안내, 디자인 및 설치 위치** 안내시설은 이용자들로 하여금 본인의 현재 상황을 알려주고, 잠재적 범죄자에게 공간의 범죄예방 준비 환경을 인지시켜 범죄율을 낮출 수 있다.

범죄예방환경설계를 할 때 가장 중요한 것은 자연감시 기능이 떨어지는 사각지대를 가능한 한 없애고, 영역성과 통제 기능을 강화할 수 있도록 공간 구조를 배치하고 보안시설을 효과적으로 설치하는 것이다.

보안시설에는 잘 알려져 있듯이 CCTV, 잠금장치, 조명, 비상벨 등이 있다. 이 중에서도 CCTV는 범죄예방의 주요 요소로 꼽히고 있다. 그러나 엄밀히 따진다면 CCTV는 잠재적 범죄자의 범죄 심리를 위축시킬 수는 있어도 범죄 행위 자체를 막을 수는 없다. CCTV가 범죄가 발생한 후 범인 검거에 무엇보다 정확하고 객관적인 정보를 제공한다는 것에는 누구도 이견이 없다. 그 때문에 CCTV의 제한적 기능에도 불구하고 최대한 많이 설치하려 하고 있다.

하지만 CCTV를 설치하는 것에는 한계는 있다. 사각지대가 전혀 생기지 않게 모든 곳에 CCTV를 설치하는 것이 현실적으로 어렵고, 사생활 보호와도 맞물려 그 기능이 제한적일 수밖에 없다.

이러한 이유로 최근에는 어떤 보안시설보다도 '사람의 눈과 관심'을 통한 서로 간의 도움 행위를 중요하게 여기고 있다. '사람의 눈과 관심'을 위해서는 최대한 자연적 감시가 가능한 공간 배치와 함께 서로에 대한 긍정적 관심과 행동을 유도할 수 있는 주민참여형 행위 지원이 필요하다.

그런 의미에서 공간 유형별 가이드라인에 관해 언급할 때에도 자연감시 기능을 중시하여 서술하였다. 이런 가이드라인은 사용자나 주민들이 자연스럽게 서로에 대한 관심을 갖게 하는 공간 구성과 깊은 연관이 있다.

건축도시공간연구소는 지난 2014년 국토교통부와 경찰청, 서울시, 대한주택공사의 4개 주요 가이드라인과 주요 지침에 관한 내용을 범죄예방환경설계 주요 지침 6개 항목을 중심으로 연구한 「범죄예방환경설계 매뉴얼 개발 방안 연구」를 내놓은 바 있다. 그에 따르면, 자연적 감시의 역할이 50%가 넘을 정도로 높은 비중을 차지하고 있다.

그 밖의 다른 기관들의 가이드라인과 지침에서도 자연적 감시 기능을 높이기 위하여 이용자(주민) 행위 지원에 대해 많이 언급하고 있는 것을 볼 수 있다. 행위 지원 시설로는 커뮤니티 시설과 공원 등이 있다.

주민참여형 행위 지원의 중요성을 보여주는 대표적인 사례가 영국 리버풀에 위치한 '엘도니안' 마을이다. 엘도니안은 영국 사람들이 가장 살고 싶어 하는 마을 중 하나로, 주민참여형 행위 지원을 통해 마을 브랜드의 가치를 높이고 지역의 방범을 강화시킨 곳으로 유명하다. 그로 인해 2004년 유엔 세계주거상을 수상하기도 했다.

지역주민들의 공동체에 대한 책임감과 유대감은 지역 방범의 핵심 요소로 작용하여 외부인들이 쉽게 눈에 띔으로써 자연감시와 영역성을 강화시켰다. 엘도니안 사례는 CCTV·옹벽 등과 같은 물리적 차폐 시설을 설치하기 이전에 주민참여형 행위 지원을 통해 지역의 방범 문제를 해결한 사례로 의미가 매우 크다.

국내에서도 이와 같은 사례가 몇몇 있지만 도심 재생 사업의 시발점이 된 서울 마포구 염리동의 '소금길'이 대표적이라 할 수 있다. 이곳에서는 '소금길'이라는 지역 아이덴티를 접목한 길을 개발하고 운동 공간으로 변모시켜 주민들의 이용을 활성화하는 동시에 자연감시가 가능하도록 하였다.

그러나 실제 계획되고 있는 범죄예방환경설계에서는 '자연적 감시'나 '활동의 활성화'가 다른 원리에 비해 강조되고 있지 않다. 그 이유는 자연적 감시나 활동의 활성화로 생기는 효과가 정량적으로 측정하기 어려운 면이 있기 때문이다.

범죄예방 환경설계 관련 법규

범죄예방환경설계는 그동안 여러 기관들의 노력을 통해 발전을 거듭해 왔다. 2005년 경찰청을 중심으로 입법화가 추진된 이래, 2010년 이후 서울시와 여러 자치기관을 통해 빠른 속도로 가시화되고 시행되었다.

2015년에는 국토교통부가 「건축법」 제53조의 2 및 「건축법 시행령」 제61조의 3에 "범죄예방 건축 기준"을 고시하여 공동주택, 제1종 근린생활시설, 다중생활시설, 문화 및 집회시설, 교육연구시설, 노유자시설, 수련시설, 오피스텔, 다중생활시설 등에 범죄예방환경설계를 적용하도록 하였다.

범죄예방환경설계 관련 주요 법률

기 관	주요 내용	조 항	시행 연도
국토교통부	도시재정비 촉진을 위한 특별법	제9조 (재정비촉진계획의 수립) 제30조의 3 (재정비촉진지구의 범죄예방)	2011
국토교통부	도시 및 주거환경 정비법	제18조의 2 (정비구역의 범죄예방)	2012
국토교통부	국토기본법 시행령	제5조 (도종합계획의 수립 등)	2012
국토교통부	도시공원 및 녹지 등에 관한 법률 시행규칙	제8조 (공원조성계획의 수립 기준 등) 제10조 (도시공원의 안전 기준)	2012
국토교통부	도시개발법 시행규칙	제9조 (개발계획에 포함된 사항)	2013
국토교통부	건축법	제23조 (건축물의 범죄예방 설계 가이드라인)	2013
국토교통부	건축법, 건축법 시행령	건축법 제53조의2 및 「건축법 시행령」 제61조의 3 (건축물의 범죄예방 건축기준)	2015
국토교통부	건축법, 건축법 시행령	건축법 제53조의2 및 「건축법 시행령」 제61조의 3 (건축물의 범죄예방 건축기준)	2019

적용 대상은 「건축법」 제53조의 2 및 「건축법 시행령」 제61조의 3에 "범죄예방 건축 기준" 제3조(적용 대상)에 기재되어 있다.

국토교통부 범죄예방 건축 기준 고시(적용 대상)

제1장 총칙	제3조(적용 대상)

① 이 기준을 적용하여야 하는 건축물은 다음 각 호의 어느 하나에 해당하는 건축물을 말한다.

1. 「건축법 시행령」(이하 "영"이라 한다) 별표 1 제2호의 공동주택(다세대주택, 연립주택, 아파트)
2. 영 별표 1 제3호가목의 제1종 근린생활시설(일용품 판매점)
3. 영 별표 1 제4호거목의 제2종 근린생활시설(다중생활시설)
4. 영 별표 1 제5호의 문화 및 집회시설(동·식물원을 제외한다)
5. 영 별표 1 제10호의 교육연구시설(연구소, 도서관을 제외한다)
6. 영 별표 1 제11호의 노유자시설
7. 영 별표 1 제12호의 수련시설
8. 영 별표 1 제14호 나목 2)의 업무시설(오피스텔)
9. 영 별표 1 제15호 다목의 숙박시설(다중생활시설)
10. 영 별표 1 제1호의 단독주택(다가구주택)

※ "적용 대상"에 대한 "용도별 건축물의 종류"는 건축법 시행령 제3조의 5 〔별표 1〕 〈개정 2019.10.22〉의 내용을 부록에 첨부하였으므로 이를 참고하기 바란다.

●●●

이 장은 국토교통부의 건축법, 서울시·경기도 등의
범죄예방환경설계 관련 지침과 가이드라인을 참고
하여 작성하였다.

공간 및 항목별 범죄예방환경설계

2.1. 출입구와 담장(울타리)

출입구의 역할에 따른 분류

출입구는 범죄예방환경설계에서 가장 1차적으로 다루어야 할 공간이다. 국토교통부에서 고시한 범죄예방 건축기준에서도 가장 많이 언급된 부분이기도 하다.

출입구 통제는 접근통제의 가장 기본이 되는 사항이다. 창, 건물 외벽 등도 접근을 통제해야 할 중요한 공간이다. 접근통제는 영역성 강화와 연관이 깊다. 영역성 강화를 위해서 설치하는 대표적 소재인 담장(울타리)이 접근통제 역할을 하기 때문이다. 이러한 이유로 접근통제와 영역성 강화는 서로 연관지어 이해하는 것이 바람직하다.

출입 공간의 경우, 사적 영역과 공적 영역, 반(半)공적 영역을 구분하는 것이 필요하다. 사적 영역이 세대나 사무실 등 개별적 활동이 이루어지는 공간이라면, 공적 공간은 야외나 실내에서 불특정다수가 이용하는 공간이다. 그리고 반공적 영역은 공적 공간에서 사적 공간으로 넘어가는 단계에서 조성되는 공간이다. 사적 공간으로 이동하는 복도, 휴게 공간 등이 대표적이다.

출입구는 오른쪽 그림에서 보듯 3단계로 나눌 수 있으며, 용도나 위치에 따라 구분된다. 부지 용도나

출입구 3단계 구분

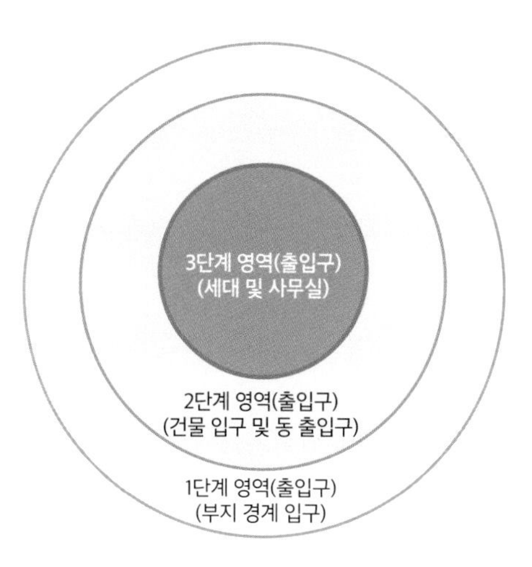

건물 형태에 따라 다소 차이가 날 수 있으나 1단계 출입구는 대체로 부지 경계선에 설치된 단지 출입문을 말한다. 2단계 출입구는 건물이나 동 출입구를 말하고, 3단계 출입구는 세대별·기능실별 출입구를 말한다.

1단계 출입구는 부지나 단지의 경계를 나타내므로 영역성 강화와 깊은 연관이 있다. 담장(펜스·관목 식재 등)을 기본으로 하고 출입문을 설치하여 물리적 방법과 인적 방법을 통하여 적극적으로 통제하는 것이다.

1단계 출입구는 건물 형태에 따라 그 기능이 결정된다. 건물 주변으로 통행로나 녹지가 조성된 경우, 부지 경계를 표시하기 위해 1단계 출입문을 만든다. 그러나 건물 주변으로 통행로나 녹지가 없고 바로 건물이 있는 경우에는 2단계 출입구가 1차 출입구 역할을 겸한다.

1단계 출입문은 건물 용도에 따라 다르지만 반공적 공간이 존재하는 경우가 많아 모든 출입자의 적합 여부를 가리기는 힘들다. 반면 2단계 출입구에서는 출입 용무의 목적이 분명해지므로 좀 더 명확하게 통제할 수 있다. 공적 건물의 경우, 2단계 출입문에서는 공적 공간과 사적 공간의 의미가 조금 다르다. 공적 공간에서는 기능실별 사용이 공적인 경우가 많기 때문에 2단계 출입문에 대한 통제가 가장 중요하다. 이에 비해 사적 공간에서는 개별 세대가 구분되는 3단계 출입문이 가장 중요하다.

특히 공적 건물에서는 2단계 출입문을 통과해 들어온 사람에 대해서는 경계심을 누그러뜨리는 경향이 있다. 그것은 업무를 보고 있기 때문에 세세한 관심을 기울이기 힘들고, 또 2차 출입문에서 기본적인 통과 절차를 거쳤다는 믿음이 있기 때문이다. 따라서 이름표 등 외부인이라는 것을 나타낼 수 있는 방안을 마련하는 것이 좋다.

- 1단계 출입구의 경우, 문주·펜스(울타리)·1차 출입구 관리실(경비실)을 사용하여 접근통제 및 영역성을 강화한다.
- 2단계 출입구의 경우, 1차 출입문을 거쳐 들어온 이용자를 2차로 통제한다. 건물 출입구는 명료화하고 가시성을 높여 쉽게 찾을 수 있도록 한다. 이용 목적에 따라 출입 여부가 가능하다는 것을 암시하거나 안내문으로 알려주어야 한다. 카드 출입문, 출구 전용 출입문, 호출기를 설치하여 출입을 통제한다.
- 3단계 출입구는 사적 공간 또는 업무 공간으로, 각 세대나 사무실을 의미한다. 따라서 통제가 가장 잘 이루어져야 하는 공간이라고 할 수 있다.

출입구 공간 분류

출입구 분류	공간 분류
1단계 영역(출입구)	부지 및 단지 경계 출입구
2단계 영역(출입구)	건물, 아파트 및 빌라 동
3단계 영역(출입구)	세대, 사무실, 기능실

건물 유형에 따라 1단계 영역(출입구)이 있는 경우와 2단계 영역(출입구)으로 바로 출입하게 되는 경우, 3단계 영역(출입구)으로 출입하게 되는 경우가 있다. 이를 'A형' 1단계 출입 형태, 'B형' 1단계 출입 형태, 'C형' 1단계 출입 형태로 구분하여 되도록 표현에 착오가 없도록 하고자 한다.

출입구 상황별 분류

<table>
<tr><th>명 칭</th><th>출입구 단계</th><th>영역</th><th>출입 내용</th></tr>
<tr><td rowspan="3">'A형'
출입 형태</td><td>A형 1단계</td><td>부지 경계 출입구</td><td rowspan="3">부지 경계 출입구가 있는 형태의 건물 및 아파트 단지</td></tr>
<tr><td>A형 2단계</td><td>아파트 동 출입구,
사무 동 출입구</td></tr>
<tr><td>A형 3단계</td><td>세대 출입구,
사무실 출입구</td></tr>
<tr><td rowspan="2">'B형'
출입 형태</td><td>B형 1단계</td><td>빌라 출입구,
사무 동 입·출구</td><td rowspan="2">'A형' 1단계 '부지 경계 출입구' 없이 바로 건물로 출입하는 형태. 중소 규모 건물, 빌라 및 도로에 인접한 건물</td></tr>
<tr><td>B형 2단계</td><td>세대 출입구,
사무실 출입구</td></tr>
<tr><td>'C형'
출입 형태</td><td>C형 1단계</td><td>세대 출입구,
사무실 출입구</td><td>'A형' 1단계 '부지 경계 출입구', 2단계 '아파트 동, 사무 동 출입구' 없이 바로 3단계 영역(출입구)으로 출입하게 되는 1층 상가, 1층 세대</td></tr>
</table>

공간 성격을 나누어 분류하는 것도 중요하다. 공간의 성격에 따라 접근 통제, 영역성 강화 방안이 달라지기 때문이다.

한국셉테드학회에서는 공적 공간, 반공적 공간, 반사적 공간, 공통설비 기준을 다음과 같이 나누고 있다.

공적· 반사적(공적)·사적 공간 분류

영 역	공간 명칭
공적 공간	내외부인의 큰 구분 없이 사용될 수 있는 공간 : 부지 경계 출입구, 단지 외부 녹지 공간
반사적(공적) 공간	내부인들이 주로 공용으로 사용하는 공간 : 승강기, 복도 계단, 주동 내부, 옥외 배관 등
사적 공간	각각의 내부인들만 사용하는 공간 : 세대, 사무실

건물 이용성에 따른 출입구 분류

출입구 분류	건물 이용성에 따른 분류			
명 칭	사적 건물	반공적 건물	공적 건물	통제 강화 건물
내 용	주거시설, 특수 목적 개인 시설 공간	개인의 업무공간으로 사적·공적 업무가 모두 이루어지는 공간	시청·구청 등 불특정다수가 출입하는 공간	군 시설, 특수 목적 보안시설, 학교 등 특수 목적으로 출입되는 공간
1단계 출입구 (건물 형태에 따라 없는 경우가 있음)	부지나 건물 경계 (울타리나 문주로 영역 표시)	부지나 건물 경계 (울타리나 문주로 영역 표시)	부지나 건물 경계 (울타리나 문주로 영역 표시)	부지나 건물 경계 (울타리나 문주로 영역 표시)
2단계 출입구	건물 출입문	건물 출입문	건물 출입문	건물 출입문
3단계 출입구	각 세대	사무실	각 과실 (예 : 민원실, 총무실 등)	교실, 보안실, 작전실 등

다음은 건축기준 고시 중 건축물의 용도별 범죄예방 기준 중 '출입구와 담장'에 대한 내용이다. 전반적으로 살펴보면 알 수 있듯이 범죄예방환경설계에서는 출입구에 대한 내용이 많다. 그만큼 출입구가 범죄예방환경설계에서 중요한 위치를 차지하고 있다는 의미이다.

먼저 아파트, 단독주택, 문화 및 집회시설 등의 건축물 용도별로 범죄예방 건축기준 고시 내용을 설명하였고, 이와 연관된 내용을 부연 설명하였다. 또 건축물 용도별 기준 중 심의에서 상당 부분을 차지하는 '아파트'와 관련된 범죄예방환경설계 기준을 중심으로 설명하였다.

국토교통부 범죄예방 건축기준 고시에서 알 수 있듯이, 출입구가 차지하는 비중이 큰 만큼 다음의 내용을 숙지하여 반영하도록 한다. 범죄예방환경설계에 대한 원리를 이해한 후 공간별·항목별로 적용하는 것이 바람직하다.

국토교통부 범죄예방 건축기준 고시(출입구, 담장, 세대 현관문 및 창문)

제2장 범죄예방 공통 기준	제4조(접근통제의 기준)

② 대지 및 건축물의 출입구는 접근통제 시설을 설치하여 자연적으로 통제하고, 경계 부분을 인지할 수 있도록 하여야 한다.

제3장 건축물의 용도별 범죄예방 기준	제10조(100세대 이상 아파트에 대한 기준) – ① 단지의 출입구

① 대지의 출입구는 다음 각 호의 사항을 고려하여 계획하여야 한다.
1. 출입구는 영역의 위계(位階)가 명확하도록 계획하여야 한다.
2. 출입구는 자연적 감시가 쉬운 곳에 설치하며, 출입구 수는 감시 가능한 범위에서 적정하게 계획하여야 한다.
3. 조명은 출입구와 출입구 주변에 연속적으로 설치하여야 한다.

② 담장은 다음 각 호에 따라 계획하여야 한다.
1. 사각지대 또는 고립지대가 생기지 않도록 계획하여야 한다.
2. 자연적 감시를 위하여 투시형으로 계획하여야 한다.
3. 울타리용 조경수를 설치하는 경우에는 수고 1미터에서 1.5미터 이내인 밀생 수종을 일정한 간격으로 식재하여야 한다.

⑦ 건축물의 출입구는 다음 각 호와 같이 계획하여야 한다.
1. 출입구는 접근통제 시설을 설치하여 접근통제가 용이하도록 계획하여야 한다.
2. 출입구는 자연적 감시를 할 수 있도록 하되, 여건상 불가피한 경우 반사경 등 대체 시설을 설치하여야 한다.
3. 출입구에는 주변보다 밝은 조명을 설치하여 야간에 식별이 용이하도록 하여야 한다.
4. 출입구에는 영상정보처리기기 설치를 권장한다.

⑧ 세대 현관문 및 창문은 다음 각 호와 같이 계획하여야 한다.
1. 세대 창문에는 별표 1 제1호의 기준에 적합한 침입 방어 성능을 갖춘 제품과 잠금장치를 설치하여야 한다.
2. 세대 현관문은 별표 1 제2호의 기준에 적합한 침입 방어 성능을 갖춘 제품과 도어체인을 설치하되, 우유 투입구 등 외부 침입에 이용될 수 있는 장치의 설치는 금지한다.

⑬ 세대 창문에 방범시설을 설치하는 경우에는 화재 발생 시 피난에 용이한 개폐가 가능한 구조로 설치하는 것을 권장한다.

제3장 건축물의 용도별 범죄예방 기준	제11조(단독주택, 다세대주택, 연립주택 등에 관한 기준)

1. 세대 창호재는 별표 1의 제1호의 기준에 적합한 침입 방어 성능을 갖춘 제품을 사용한다.
2. 세대 출입문은 별표 1의 제2호의 기준에 적합한 침입 방어 성능을 갖춘 제품의 설치를 권장한다.
3. 건축물 출입구는 자연적 감시를 위하여 가급적 도로 또는 통행로에서 볼 수 있는 위치에 계획하되, 부득이 도로나 통행로에서 보이지 않는 위치에 설치하는 경우에 반사경, 거울 등의 대체 시설을 권장한다.

5. 건축물의 측면이나 뒷면, 출입문, 정원, 사각지대 및 주차장에는 사물을 식별할 수 있는 적정한 조명 또는 반사경을 설치한다.
7. 담장은 사각지대 또는 고립지대가 생기지 않도록 계획하여야 한다.
9. 건축물의 출입구, 지하층(주차장과 연결된 경우에 한한다), 1층 승강장, 옥상 출입구, 승강기 내부에는 영상정보처리기기 설치를 권장한다.
11. 세대 창문에 방범시설을 설치하는 경우에는 화재 발생 시 피난에 용이한 개폐가 가능한 구조로 설치하는 것을 권장한다.
12. 단독주택(다가구주택을 제외한다)은 제1호부터 제11호까지의 규정 적용을 권장한다.

제3장 건축물의 용도별 범죄예방 기준	**제12조(문화 및 집회시설·교육연구시설·노유자시설·수련시설·오피스텔에 대한 기준)**

① 출입구 등은 다음 각 호와 같이 계획하여야 한다.
1. 출입구는 자연적 감시를 고려하고 사각지대가 형성되지 않도록 계획하여야 한다.
2. 출입문, 창문 및 셔터는 별표 1의 기준에 적합한 침입 방어 성능을 갖춘 제품을 설치하여야 한다. 다만, 건축물의 로비 등에 설치하는 유리 출입문은 제외한다.

제3장 건축물의 용도별 범죄예방 기준	**제13조(일용품 소매점에 대한 기준)**

① 영 별표 1 제3호의 제1종 근린생활시설 중 24시간 일용품을 판매하는 소매점에 대하여 적용한다.
② 출입문 또는 창문은 내부 또는 외부로의 시선을 감소시키는 필름이나 광고물 등을 부착하지 않도록 권장한다.
③ 출입구 및 카운터 주변에 영상정보처리기기를 설치하여야 한다.
④ 카운터는 배치 계획상 불가피한 경우를 제외하고는 외부에서 상시 볼 수 있는 위치에 배치하고, 관할 경찰서와 직접 연결된 비상연락시설을 설치하여야 한다.

제3장 건축물의 용도별 범죄예방 기준	**제14조(다중생활시설에 대한 기준)**

① 출입구에는 출입자 통제 시스템이나 경비실을 설치하여 허가받지 않은 출입자를 통제하여야 한다.
② 건축물의 출입구에 영상정보처리기기를 설치한다.
③ 다른 용도와 복합으로 건축하는 경우에는 다른 용도로부터의 출입을 통제할 수 있도록 전용 출입구의 설치를 권장한다. 다만, 오피스텔과 복합으로 건축하는 경우 오피스텔 건축기준(국토교통부 고시)에 따른다.

출입구 주요 체크리스트(공통)	반영 여부
① 출입구에 잠금장치를 설치한다. 입주자나 관계인만 출입할 수 있는 인증시스템을 갖춘다(카드키, 안면인식, 비밀번호 등).	
② 잠금장치의 경우 가능한 한 출구 전용 도어 시스템을 권장하고, 화재나 위급 시 열림장치를 통제할 수 있는 시스템을 사용한다.	
③ 상가 시설이나 오피스텔 시설이 주거 시설과 같이 있을 경우, 출입구를 별도로 설치한다.	
④ 출입구에서 출입자의 안면인식이 가능하도록 영상정보처리기기를 설치한다.	
⑤ 출입구는 찾기 어렵거나 외진 곳은 피한다. 부득이 그러할 경우 안내판을 설치하여 명료하게 인식시킨다.	
⑥ 조명을 설치하여 야간에도 찾기 쉽게 한다.	
⑦ 출입구 주변에는 입주자들이 이용하는 휴게시설을 조성하여 자연감시 기능을 높인다.	
⑧ 자연적 감시가 가능하도록 투시형 소재를 권장한다.	
⑨ 1차 출입구에서는 이용자의 출입뿐만 아니라 차량 진출입을 통제한다. 출입구는 단지의 특성을 나타내는 조형성을 가지고 디자인되기도 한다. 출입구에 야간 조명을 설치하여 이용자들의 야간 보행을 돕고, 영역성을 강화한다.	
⑩ 이용 빈도가 낮은 부출입구나 소출입구의 수는 최소화하되, 설치된 곳의 안전을 위해 효율적인 잠금장치를 설치한다. 자연감시 기능을 높이기 위해 운동 및 휴게시설을 가까운 곳에 배치하도록 한다. 출입구 주변에는 가능한 한 식재를 지양하여 자연감시 기능을 높인다.	
⑪ 외부와의 경계부나 출입구는 포장이나 색채의 차별화, 바닥 레벨의 변화, 상징물, 조명 등을 통해 공간의 전이를 명확하게 인지하고 영역 의식을 발휘할 수 있도록 한다.	
⑫ 출입구가 여러 개일 경우 번호나 이름, 방향을 나타내는 사인물을 부착하여 이용하는 데 착오가 없도록 한다.	
⑬ 단지 내 출입구의 수를 제한하고, 통과만을 위한 도로는 단지 외곽으로 우회하도록 계획한다.	
⑭ 문주형 출입구는 접근통제와 영역성 강화의 대표적인 소재다. 문주 주변에는 행정 개념의 공용 도로나 보도로 분리되는 바닥 소재의 색을 달리하여 영역을 표시한다. 이는 영역 표시와 명료성 강화를 동시에 적용하는 것이다.	

1) A형 1·2·3단계 출입구

가. A형 1단계 출입구(부지 경계)

'출입구 상황별 분류'에서 언급했듯이 'A형 1·2·3단계 출입 형태'로, 건축물에서 1단계(단지 입구), 2단계(동 입구), 3단계(세대 입구) 출입구를 모두 갖춘 형태를 말한다. 1단계 출입구에는 출입구뿐만 아니라 부지 경계를 구분짓는 요소(울타리 등)도 포함된다. 울타리는 영역성 강화에서 좀 더 자세히 다루기로 한다.

문주 설치

주간 문주 설치	야간 문주 및 주변 조명 설치
문주의 설치, 경계 소재의 차별화를 통해 영역성을 강조한다, 조명을 설치하여 야간에도 영역이 명확하게 구분되어 보이도록 한다.	

* 위에 제시된 이미지는 이해를 돕기 위한 것으로, 위의 모든 사항을 충족하는 내용의 이미지는 아니다.

문주를 설치하는 것은 '영역성 확보'와 연관이 깊다.

제1장 총칙	제2조(용어의 정의) "영역성 확보"
3. "영역성 확보"란 공간 배치와 시설물 설치를 통해 공적 공간과 사적 공간의 소유권 및 관리와 책임 범위를 명확히 하는 것을 말한다.	

단지 입구의 휴게공원 및 근린상가를 이용한 자연감시 기능 강화

단지 입구나 마을 입구에는 상가 또는 휴게공원, 정자, 앉음의자 등을 이용하여 입구를 오가는 이용자들을 자연스럽게 살펴보도록 한다. 이는 '거리의 눈'을 활성화하여 자연감시 기능을 높일 수 있는 방안이다.

아파트 단지는 한 건의 범죄가 단지 전반에 미치는 영향이 크며, 방범 대책을 소홀히 할 경우 빠른 속도로 범죄가 증가할 우려가 있으므로 주변 이용자들을 활용하여 자연감시 기능을 높이는 방법이 유용하다.

- 자연감시가 가능한 곳은 크고 작은 공용 공간 및 휴게시설을 만들어 적극적인 감시 공간이 되도록 한다.

근린상가의 출입 동선 설계

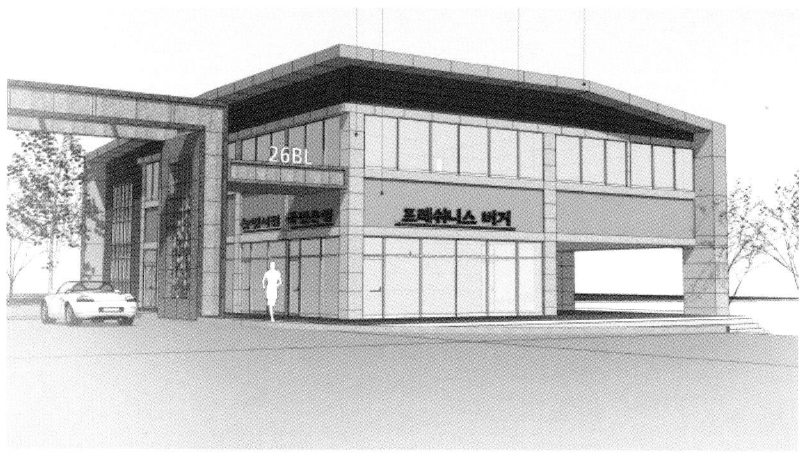

근린상가의 출입 동선은 입주자와 분리하되 입구에 위치하고 창의 크기와 위치를 이동하는 사람들이 잘 보이도록 설계한다.

다음은 A형 1단계 출입구의 개략도이다. 가능한 한 경비실을 설치하고 드나드는 사람의 기본 신상을 기재하도록 하며, 영상정보처리기기는 출입자의 얼굴이 인식되는 위치에 설치한다.

- 학교나 근무처처럼 출퇴근 시간에 출입자가 몰리는 경우가 아니라면 주출입구를 잠금장치하고 보조출입구를 이용하여 출입하도록 한다.
- 경비실(관리실)은 최대한 사방이 보이도록 한다.

A형 1단계 경비실과 영상정보처리기기를 통한 외부인 통제 시스템

경비실(관리실)은 최대한 사방이 보이도록 하고, 주변에 시야를 방해하는 것들을 놓지 않는다. 가능한 한 후면도 개방형으로 하면 좋다. 최근에 관리실 내부에 택배함을 설치하는 경우가 있는데, 이 또한 최대한 시야를 방해하지 않는 곳에 설치한다. 경비실 주변에 이용자가 안전하게 머물 수 있는 공간도 여유 있게 조성한다.

나. A형 2단계 출입구(건물 및 동 출입구)

'출입구 상황별 분류'에서 언급했듯이 'A형 2단계 출입문'은 건물의 출입문을 말한다. 아파트의 경우 동별 출입문이며, 사무용 건물인 경우 사무동으로 들어가는 입구이다. 건물 외부에서 내부로 드나드는 곳이다.

2단계 영역의 접근통제를 강화하기 위해서는 다음 그림과 같이 2단계 출입문인 건물의 출입구는 화재나 지진 등 비상시에 대응할 수 있는 매뉴얼을 따르되, 평상시에는 밖에서 열리지 않는 잠금장치와 내부인들도 카드 등을 가지고 출입하는 '출구 전용 도어(Exit-Only Type Door)' 설치를 권장한다. 또한 건물의 출입구에는 출입자의 안면을 인식하고, 상황을 정확히 인식할 수 있도록 영상정보처리기기 위치를 정한다. 최근에는 AI 기술 중 '안면인식'을 활용한 제품이 많이 도입되고 있다.

A형 2단계 출입구 접근통제와 물리적 감시 강화

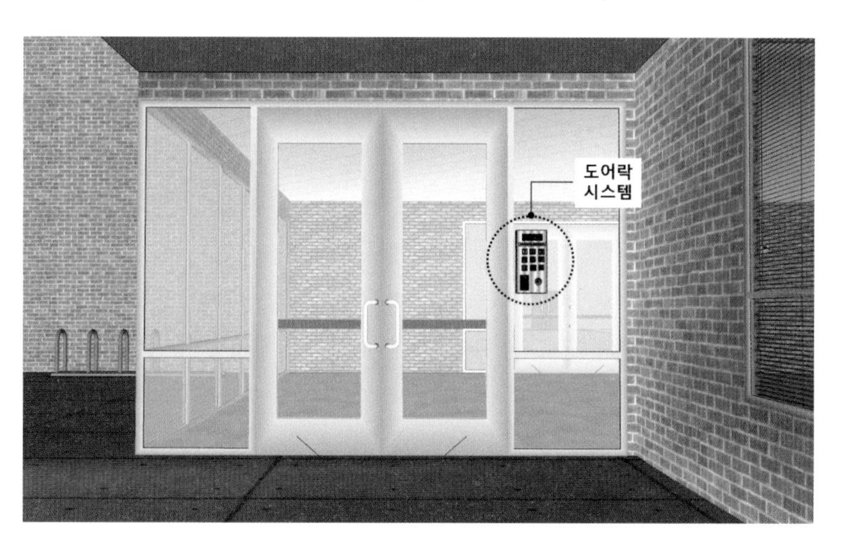

2단계 영역의 접근통제 강화를 위해 인터폰 및 내부인 출구 전용 도어를 설치하고, 카드키 등을 사용한다.

영상정보처리기기를 통한 출입자 감시 시스템을 설치하는 것도 2단계 영역 접근통제 강화 방안이다. 출입구에서 영상정보처리기기는 출입자의 얼굴이 인식되는 위치에 설치한다.

- 2단계 출입문은 1단계 출입문을 거쳐 1단계 통제된 이용자들이 출입하는 곳이다. 건물의 유형에 따라 1단계 출입문 없이 바로 2단계 출입문이 1단계 출입문 역할을 하는 경우도 있으므로, 이를 감안하여 설계하도록 한다.
- 2단계 출입문의 경우, 입주자들에게 지급한 카드키나 비밀번호 등을 이용하여 출입하도록 한다. 영상정보처리기기 설치에서도 언급하겠지만 영상정보처리기기는 출입하는 자의 얼굴이 인식되도록 출입구 쪽을 향하고 있어야 한다. 또한 얼굴 인식이 가능한 정도의 화질로 설치한다.
- '상용자(입주자) 전용 출입구'는 주상복합건물이나 근린생활시설과 같이 있는 오피스텔에서는 반드시 적용해야 하는 시스템이다. 불특정다수가 이용할 경우 범죄뿐만 아니라 사소한 분쟁이 발생할 소지도 있기 때문이다. 1단계 출입문에서 이용성을 검토하여 출입시켰다 하더라도 위험 요소가 완전히 제거되었다고 볼 수는 없다. 상용자(입주자) 입장에서는 '출구 전용 도어'로 사용되는 것이 바람직하다.

동 입구 소재 차별화와 조명 설치로 영역성과 명료화 기능 강화

'A형' 2단계 출입구 주요 체크리스트	반영 여부
① 주동 출입구는 주변보다 밝은 조명을 설치하여 야간에도 식별이 용이하고, 주변을 살필 수 있도록 한다.	
② 출입구에서 승강기 출입구가 보이도록 한다.	
③ 동별 경비실이 없는 경우 출입구에 자동방범키와 영상정보처리기기를 설치하여 외부인의 출입을 통제하고, 방범설비 표지판을 설치한다.	
④ 단지와 단지를 연결하는 보도는 이용자가 적어 자연감시가 취약해질 수 있으므로 활동성을 유도할 수 있는 시설과 함께 설치하도록 한다.	
⑤ 주동 전면과 보행자 출입구 주변의 식재는 관목은 50cm 이하, 교목은 지하고 2m 이상으로 식재하고 관리하도록 하여 은신 공간을 제거하고 시야가 확보되도록 시공한다.	
⑥ 주동 전면에 식재되는 교목의 수관부(지엽이나 나뭇가지)는 주동에서 1.5m 이상 이격될 수 있도록 식재하고 관리한다.	

'A형' 2단계 출입구 주요 체크리스트	반영 여부
⑦ 단지 출입구와 차량 출입구(주차장)가 같이 있을 경우, 주차장 설계 조건을 충족해야 한다.	
⑧ 필로티 공간은 주변과 시선 연결이 될 수 있도록 계획하고 적절한 보안 설비를 설치한다.	
⑨ 필로티 하부에 은신 공간이 생기지 않도록 하고, 공간을 활성화시킬 수 있도록 계획한다.	
⑩ 이용이 적은 통과형 필로티 하부 공간의 경우 제대로 관리되지 못할 경우 범죄율이 높아지므로 필로티의 사용성을 명확히 하여 설계하도록 한다.	

A형 2단계 출입구에 '대기자 공간을 두는 경우

상용자(입주자)와 방문자가 같이 출입해야 하는 경우는 전용 출입구와 안내실(경비실 또는 행정실)을 두고 출입증을 발급하여 착용하도록 하고, 대기실을 두어 상용자(입주자) 등의 내부자가 나와 업무를 보거나 필요할 때 직접 안내하도록 한다.

2단계 영역 접근통제(학교 및 통제가 필요한 공간)

A형 3단계 영역 접근통제(학교)

행정실이나 관리실을 배치한다.

학생들을 기다리는 공간. 접근할 수는 없으나 학생들의 활동이 보일 수 있도록 기획한다. 학습을 방해하지 않기 위해 밖에서는 안이 잘 보이지 않도록 하는 것도 방법이다.

명료화의 일환으로 공간을 쉽게 찾을 수 있도록 안내판을 설치한다.

패용품 색상을 달리하여 신분을 확실히 인지시키도록 한다.

다. A형 3단계 출입구(세대, 사무실, 각 기능실)

'출입구 상황별 분류'에서 언급했듯이 'A형 3단계 출입구'는 각 세대, 사무실, 기능실이다.

세대 출입구의 경우

- 세대 출입구는 가장 철저하게 출입이 통제되어야 한다.
- 범죄예방 건축기준 고시 제10조 ⑧의 내용과 같이 기준에 적합한 침입 방어 성능을 갖춘 제품과 잠금장치를 설치하여야 한다.

3단계 출입구 세대별 출입통제

최근 터치 자국이 남지 않는 도어락 제품, 생체인식 제품이 많이 도입되고 있다..

- 투시경, 창문 경보기, 비상벨, 비디오폰, 적외선 방범 경보기, 충격 진동 감지 경보기, 도어 경보기, 경광 사이렌, 유리방탄필름을 적절히 활용한다.
- 편복도에 접한 창문은 방범창, 잠금장치, 침입경보기, 방범유리를 설치한다. 이때 화재 시 탈출할 수 있는 제품을 사용하도록 한다.

- 방범창은 주기적으로 점검하여 상시 작동되도록 한다.
- 화재 발생 시를 대비하여 밖으로 열릴 수 있는 구조로 설치한다.

사무실 출입구의 경우

사무실은 세대와는 개념이 다르다. 방문객이 많지 않은 업무 성격의 사무실도 많지만, 방문객이 많은 사무실은 불특정다수가 드나든다. 이러한 경우 입구에 별도의 안내데스크를 두어 통제하거나, 이것이 여의치 않을 경우 유리문이나 카드키, 인터폰을 통해 방문객을 통제하도록 한다.

3단계 출입구 사무실 출입통제와 자연감시 기능 강화

방문자는 문 밖에서는 회사의 명칭 외 다른 것은 확인할 수 없다. 입주자가 방문자를 확인하고 문을 열어 줄 수 있는 투시형 구조를 사용한 경우이다.

3단계 출입문의 방범방충망

세대별 출입문이나 창문은 출입, 환기 기능뿐만 아니라 비상시 대피해야 하는 출구이기도 하다. 그러나 현재 많은 곳에서 현실적인 문제에 부딪혀 창살 형태의 방범창으로 고정된 경우가 많아 비상시 대처 기능이 어려운 상황이다.

그런데 최근 겉으로는 방충망처럼 보이지만 웬만한 충격에는 파손되지 않는 방범망 제품이 많이 나왔다. 여기에 자동 락킹 핸들과 센서를 부착해 비상시에 열 수 있는 기능까지 갖추었다. 뿐만 아니라 일상생활에서 발생할 수 있는 것 이상의 흔들림에는 센서 기능이 작동하여 스마트폰으로 침입 상황을 알려 주기도 한다.

이처럼 기존의 방범창보다는 방범 기능뿐만 아니라 알림 기능, 비상시 대피 기능까지 고려된 제품을 사용하는 것이 좋다. 특히 편복도 창문에는 방범창, 시건 장치, 방범감지기, 강화유리 등으로 외부인의 침입에 대비하는 것이 바람직하다.

3단계 출입구 방범방충망

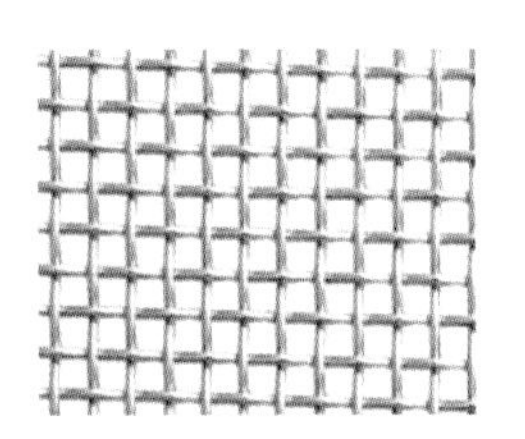

사 양	스테인리스
잠금장치	자동 잠금 장치 및 열림 방지(수동 개폐가능)
주요기능	방범(창살 필요 없음), 방충
적용부위	저층, 최고층

강한 내구성으로 인한 창살대체기능
화재시 창살의 문제점 해결

출처 : www.winguard.kr

다양한 잠금장치

최근에는 다양한 창문 잠금장치가 개발되어 보급되고 있다. 간단하고 저렴한 장치만으로도 창문 잠금 기능을 향상시킬 수 있다.

2) B형 1·2 단계 출입구

가. B형 1단계 출입구(중·소 규모 다세대 주택 및 건물)

'B형 2단계 출입구'는 앞에서 설명한 것처럼 건물 외부 부지에 별도의 1단계 출입구가 없어 2단계 출입문(동 출입구, 건물 출입구)을 통해 바로 출입하는 형태를 말한다. 규모가 작은 빌라나 1층에 주출입구가 있는 건물 등이 여기에 속한다.

이 유형은 1단계 출입구가 있는 경우보다 접근통제가 소홀한 경우가 많다. 약간의 공간이 있다면 담장과 출입문을 설치하는 것이 바람직하다. 또한 주민들이 쉴 수 있는 휴게시설을 만들어 준다면, 주민들에게 좋은 휴게공간을 제공할 뿐만 아니라 자연감시 기능을 높이는 계기가 될 것이다. 접근통제와 영역성 강화는 밀접한 관계가 있다. 펜스나 대문을 설치하는 것은 영역성 강화뿐만 아니라 접근통제를 가능케 해준다.

'B형 2단계 출입구' 접근통제와 영역성 강화

다세대 외곽 펜스와 출입문 설치 전과 설치 후

다세대주택 뒤에서 청소년들이 흡연을 하거나 배회했으나, 펜스와 문을 설치한 후로는 그런 일이 없어졌다.

반영 전과 반영 후

허술한 'B형' 1단계 출입구에 투시형 펜스를 설치하고 문을 달아 접근통제와 영역성을 강화했다.

반영 전과 반영 후

건물과 건물 사이 큰 공간이 있어 주거민과 상관없는 사람들이 모여 해당 주거민들의 사생활에 불편을 주었다. 때로는 안쪽 깊숙한 공간에서 청소년들이 모여 흡연을 하고, 노약자를 위협하는 경우도 있어 우범 지역이었다. 문을 설치하고 이런 일이 없어졌다.

현관 비디오폰과 비상벨 설치

현관 비디오폰 설치

반사 시트 설치

3) C형 1 단계 출입구

1층에 출입구가 여러 개 있는 상가 건물이나 거실로 바로 진입할 수 있는 주택이 'C형' 1단계 출입 형태로 된 대표적인 경우이다. 소규모 건물 1층의 경우 1·2단계 출입구가 생략되고 바로 사무실이나 상가, 또는 각 세대로 진입할 수 있는 구조로 되어 있다. 대규모 건물이라고 하더라도 접근성을 위해 1층에 상가나 사무실을 배치하는 경우도 많다. 소비자들이 구입하기 쉬운 아이템을 파는 상점들이다.

이러한 유형에서 문제가 될 수 있는 것은 주택이다. 1·2단계 출입구 없이 주택 안으로 바로 진입하는 경우, 위험에 무방비로 노출될 수 있기 때문이다. 특히 여름철 환기를 위해 문을 열어 놓는 경우 방범이나 사생활 노출 등 문제가 발생할 수 있다. 부득이 'C형' 1단계 출입 형태로 해야 한다면, 신중한 출입구 통제와 함께 사생활 보호 방안을 고민해야 한다.

4) 담장(울타리)

- 담장은 사각지대 또는 고립지대가 생기지 않도록 계획해야 한다.
- 단지나 건물에는 대체로 울타리를 조성한다. 조성하는 소재로는 불투명 소재와 투명 소재가 있다. 불투명 소재로는 몰탈·벽돌 등이 주로 쓰이고, 투명 소재로는 간격이 있는 철물이나 낮게 조성된 관목 식재 등이 주로 쓰인다. 셉테드적 관점에서는 군시설, 특수 목적 연구소 등의 보안시설을 제외하고는 일반 건물의 경우, 불투명 소재보다는 투명 소재를 사용하여 자연감시 기능을 높이도록 권장한다.
- 단지 경계부의 영역성 강화, 접근통제, 자연감시, 명료화, 유지관리 등이 미흡할 경우 범죄자의 출입 경로로 이용될 위험이 높고, 이로 인해 주민들의 불안감도 커질 수 있다. 따라서 경계부 강화와 주변 지역의 범죄 위험도 평가, 이용자 생활 패턴을 분석하여 적절한 담장 디자인, 자연감시 시설, 물리적 감시 강화 시설을

보완하도록 한다.

- 울타리용 조경수를 설치하는 경우에는 수고(樹高)가 1~1.5미터인 밀생 수종을 일정한 간격으로 식재한다. 조경수는 무엇보다도 관리가 중요하다. 관리가 용이하거나 관리가 가능한 조경수를 식재하도록 한다.
- 단지 경계부에 사각지대(고립 공간)가 발생할 경우, 영상정보처리기기에 의한 감시가 가능하도록 계획한다.
- 위치 정보나 지역의 용도 등을 명확히 하기 위해 안내판을 설치하거나 색채·재료·조명 계획으로 이미지를 강화하는 방안을 고려한다.

가. 담장(울타리) 투시형 펜스 권장

반영 전과 반영 후

불투명한 담으로 조성할 경우 가까운 거리에 있는 사람을 파악하기 어렵고 순간적인 위험에 대처하기 어렵다. 투명 펜스를 사용하여 자연감시 기능을 높이도록 한다.

나. 소형 단지 담장(울타리)

소유주가 다른 부지 간의 경계 부분이 간혹 별다른 접근통제 없이 방치되는 경우가 많다. 각각 지을 때는 문제가 안 되는 듯하나, 완성된 경우 경계 부분이 모호해져 우범 지역으로 이용되는 경우도 많다. 이러한 문제점을 보완하는 것이 필요하다.

접근통제과 영역성 강화

단지별 경계 공간 투명 펜스 반영 전과 반영 후

다. 발코니

- 난간은 주로 철재 및 목재로 이루어져 있다. 이는 손으로 잡고 올라가기 좋은 구조이다. 이를 방지하기 위해 유리 소재로 하여 잡고 올라오기 어렵도록 하고, 철재나 목재 틈 사이로 어린이나 소품이 떨어지는 것을 방지한다. 특히 층간의 높이가 낮을 경우에는 더욱 유의하여 설치한다.

세대별 발코니

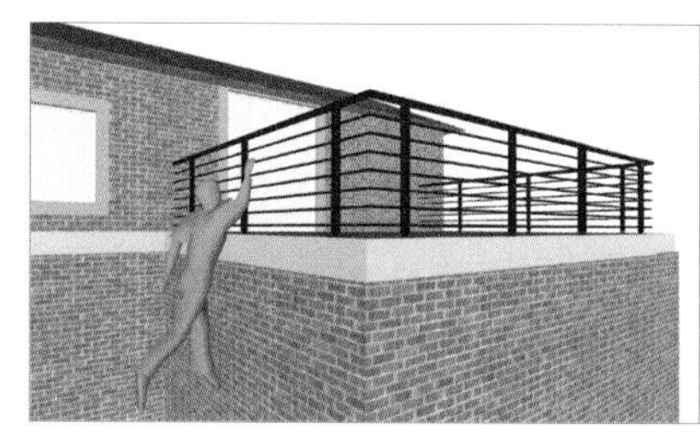

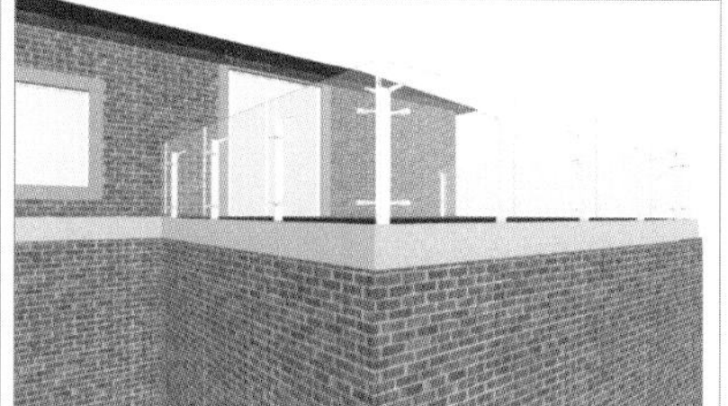

범죄율을 낮추기 위해 난간의 형태를 개선하였다.

5) 차량 출입구

차량 출입구는 주차장 항목에서 한 번 더 다루겠지만, 여기에서는 주로 출입구 관점에서 설명하고자 한다. 차량 출입구는 1단계 출입구와 더불어 접근통제가 1차적으로 이루어져야 하는 공간이다.

- 1단계 출입구를 통과한 후 차량 출입구로 바로 진입하거나 2단계 출입구와 인접해서 차량 출입구가 있는 경우가 많다. 2단계 출입구와 인접해 있다면 차량 출입구와 연결된 2단계 출입구는 효율적으로 운영하되 통제를 강화해야 한다. 특히 지하주차장이라면 더욱 그러하다.
- 차량 출입구는 대체로 주차장 입구이기도 하다. 차량 출입구와 주차장의 가이드라인을 별도로 기술하는 것은 차량 출입구가 갖는 중요성이 그만큼 크기 때문이다. 특히 불특정다수가 이용하면서도 이용 목적이 다른 주거자와 상업 공간 이용자들 간의 구분이 중요한 상황이라면 차량 출입구의 역할이 커진다.
- 차량 출입구에는 차량 출입 차단기를 설치하되, 외부 차량의 접근을 통제하도록 위치를 정한다.
- 차량 출입구에 영상정보처리기기와 차량 자동인식시스템을 연계시킨다.
- 차량 출입구에 가능한 한 인력이 상주하는 경비실(보안실)을 설치한다.
- 단지 출입구에 차량 출입 차단 시설이 없는 경우 지하주차장 출입구에 차량 출입 차단 시설을 설치한다.
- 방문자 차량을 쉽게 확인할 수 있도록 거주자 주차장과 방문자 주차장을 구별하여 계획한다.
- 차량 출입구에는 영역성을 표시할 수 있는 시설(안내판, 안내문구, 주차 상징 이미지)을 설치한다.
- 주차타워(기계식 주차) 등의 기계실이 있는 차량 출입구에는 인력이 상주하는 보안실(경비실)을 설치한다.
- 출입구에는 가능한 한 인력이 24시간 상주하는 보안실(경비실)을 설치한다. 만약 24시간 상주하기 힘든 경우라면 상주하지 못하는 시간대의 비상연락망, 대처 방안을 작성하고 시행한다.

▪ 차량의 경우 방문자와 상용자(거주자)를 구분하여 조성한다.

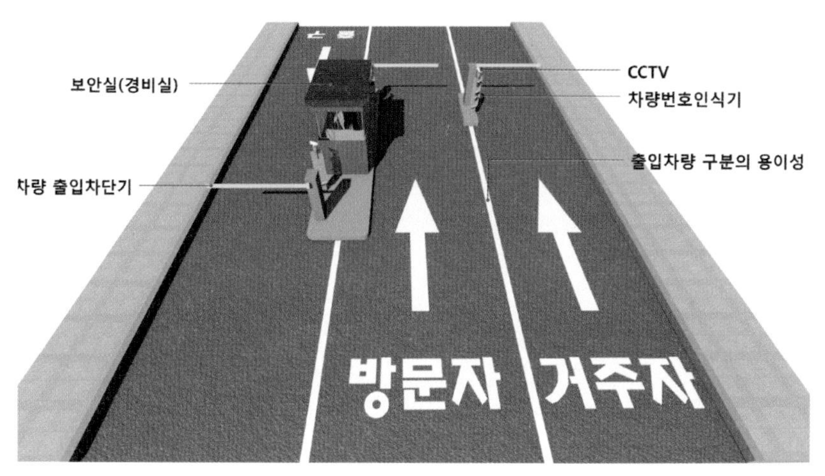

1차 관문에서 내부인와 외부인을 구분하여 출입을 통제한다.

▪ 차량 출입 차단기는 1차 출입구에 설치되어 있는 경우가 많다. 주거자와 방문자를 구분하여 효과적으로 출입을 통제하는 곳이 늘어나고 있다. 최근에는 '차량 번호 자동인식' 기능이 부착된 차량 출입 차단기로 인해 관리인이 없는 경우도 많다. 그래서 출입자가 많은 대형 건물인 경우에는 정기 차량과 방문자 차량으로 구분하여 운영하기도 한다.

▪ 최근 급증하고 있는 주차타워(기계식 주차) 시설이 있는 주차장과 관련해서는 추가로 깊이 있는 논의가 필요하다.

▪ 지하 공간의 건물 출입구는 2단계 출입구의 연장 개념으로 볼 수 있다. 1단계 출입구를 통과하고 3단계 개별 공간으로 들어가기 전 단계이기 때문이다. 지하 공간은 대체로 폐쇄적이고 자연 채광이 어려운 곳으로 불안감이 높은 편이다. 또한 구조상 기둥과 벽으로 인해 건물 출입구를 찾기 어려운 경우가 많다. 가능한 한 건물 출입구로 향하는 보행로를 쉽게 찾을 수 있도록 설계하고, 이를 보완하기 위해 안내판·조명·도색 등을 활용한다. 최근에는 자연감시 기능을 높이기 위해 커뮤니티 공간을 조성하는 추세이다.

2.2. 보행로/ 산책로/ 진입로/ 단지 내 차로

보행 및 산책로는 단지 내에서 이동하는 1차적 경로이다. 1차 출입 경로를 어떻게 통제하느냐가 범죄예방에서는 매우 중요하다.

국토교통부 주차장법 시행 규칙
(보행로, 산책로, 진입로, 단지 내 차로)

제2장 범죄예방 공통 기준	**제4조(접근통제의 기준)**

① 보행로는 자연적 감시가 강화되도록 계획하여야 한다. 다만, 구역적 특성상 자연적 감시 기준을 적용하기 어려운 경우에는 영상정보처리기기, 반사경 등 자연적 감시를 대체할 수 있는 시설을 설치하여야 한다.

제2장 범죄예방 공통 기준	**제8조(조명 기준에서의 보행로)**

① 출입구, 대지 경계로부터 건축물 출입구까지 이르는 진입로 및 표지판에는 충분한 조명시설을 계획하여야 한다.
② 보행자의 통행이 많은 구역은 사물의 식별이 쉽도록 적정하게 조명을 설치하여야 한다.

제3장 건축물의 용도별 범죄예방 기준	**제10조 (100세대 이상 아파트에 대한 기준)**

⑤ 주차장은 다음 각 호와 같이 계획하여야 한다.
3. 차로와 통로 및 출입구의 기둥 또는 벽에는 경비실 또는 관리사무소와 연결된 비상벨을 25m 이내마다 설치하고, 비상벨을 설치한 기둥(벽)의 도색을 차별화하여 시각적으로 명확하게 인지될 수 있도록 하여야 한다.

제3장 건축물의 용도별 범죄예방 기준	**제12조(문화 및 집회시설·교육연구시설·노유자시설·수련시설에 대한 기준)**

③ 차도와 보행로가 함께 있는 보행로에는 보행자 등을 설치하여야 한다.

- 보행로와 단지 차로는 이용자들에 의해 유기적으로 연결되어 있으므로 이를 감안하여 설계한다.
- 보행로는 전방에서 발생하는 행위를 관찰하고 예측할 수 있도록 선형으로 계획하여 가능한 한 가시권이 확보되도록 한다.
- 보행로가 꺾어지는 공간일 경우(T자 · L자형 골목길 등) 교차점에 안전거울을 설치하여 꺾이는 면의 상황이 인지될 수 있도록 한다.
- 보행로에는 조명, 안내표지판, 영상정보처리기기, 비상벨 등을 설치하여 위치나 공간 인식에 도움을 주도록 한다.
- 보행로에는 벤치, 휴게시설, 운동시설을 설치하여 주민 이용을 활성화함으로써 자연감시 기능을 높이도록 한다.
- 수목은 보행자의 얼굴이 가리지 않도록 일정한 수고를 유지한다.
- 수목 사이에 있는 보안등의 경우, 수목으로 인해 조도가 방해받지 않도록 한다.
- 보행등을 적절하게 배치하여 어둡지 않도록 하고, 출구나 입구로 안내한다.
- 길을 유도하는 유도등과 보행등을 설치하여 방향을 유도한다.
- 은신처가 생기지 않도록 수목의 간격을 고려하고, 관목의 경우 높게 자라지 않도록 관리한다.
- 산책로는 충분한 가시권을 확보하여 갑작스러운 공격을 받지 않도록 한다.
- 보행자 도로와 자전거 도로를 분리하여 충돌 사고를 방지하고 이용성을 높인다.
- 출입구나 경계부는 포장이나 색채의 차별화, 바닥 레벨의 변화를 주거나, 상징물, 조명 등을 설치하여 공간의 전이를 명확하게 인지하도록 한다.
- 가능한 한 출입구로 유도할 수 있도록 주변 동선을 계획한다.
- 시설물에는 관리 담당 기관의 연락처를 표기한다.
- 노숙자가 모이는 장소가 되지 않도록 한다.
- 입구에 소규모 휴게 공간이나 시설을 두어 출입자들의 자연감시 기능을 높인다.
- 화장실 등은 야간에 고립되지 않는 위치에 설치하고, 조명을 설치하여 쉽게 찾을 수 있도록 하며 주변에도 어둠으로 인한 불안감을 감소시키도록 한다.
- 관리 차량 외에는 출입을 통제한다.

- 이용 방법과 시간을 명기한 안내판을 설치하여 위험한 상황에 놓이지 않도록 한다. 특히 조성 공간이 넓을 경우에는 안내판을 충분히 설치하고, 위치를 알 수 있는 숫자나 알파벳도 표기한다.

보행로, 산책로, 단지 내 도로 관련 주요 체크리스트

주요 체크리스트	반영 여부
① 보행로, 산책로, 단지 내 도로는 가능한 한 급격하게 꺾이는 형태가 아닌 전방이 잘 보이는 직선이나 완만한 선으로 계획한다. 만약 급격하게 꺾이는 형태가 될 경우 반사경을 설치한다.	
② 경계부는 포장이나 레벨, 색채를 달리하여 공간의 전이를 명확하게 인지시키고 동선을 유도한다.	
③ 조명은 균등하게 설치한다.	
④ 안내표지판을 설치하여 이용 범위를 명료하게 인지시킨다.	
⑤ 주변에 휴게시설, 운동시설 등을 설치하여 이용자들에 의한 자연감시가 가능하도록 유도한다.	
⑥ 은신처가 생기지 않도록 한다.	

보행로 및 산책로 조성 시 주의해야 할 내용

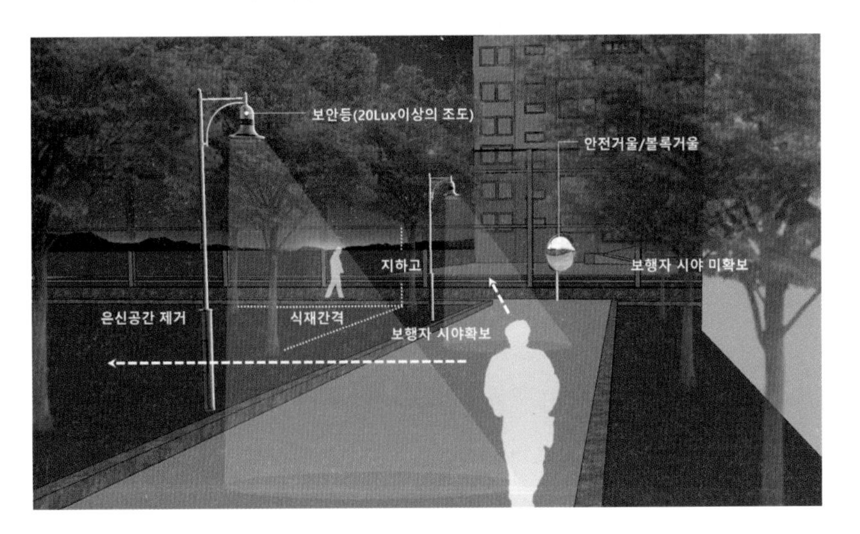

출입구, 보행로, 단지 내 도로 자연감시 기능 강화 계획

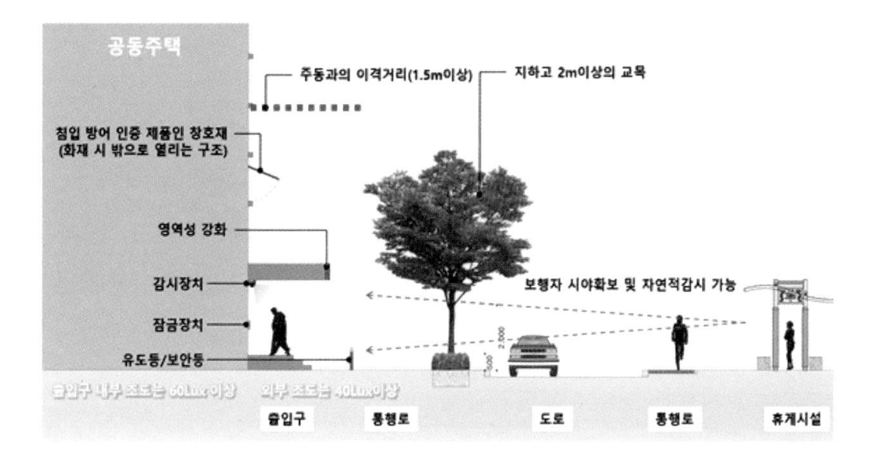

- 보행로, 산책로, 단지 내 차로는 반사경을 활용해 사각지대를 보완하고, 주변에 대한 인지력을 높인다.

반사경과 보행등

출입구, 보행로, 단지 내 차로에 반사경을 설치해 사각지대를 없애고, 보행등을 균등하고 적절하게 배치한다.

2.3. 부대시설 및 복지시설

부대시설 및 복지시설은 주민(이용자)들의 '활동의 활성화(행위 지원)'와 연관성이 크다. 또한 주민 활동의 활성화(행위 지원)는 자연적 감시와 주민들의 결속력(cohesion)을 높일 수 있는 '집단효율성'과 밀접한 연관이 있다.

국토교통부 범죄예방 고시(부대시설 및 복지시설)

제3장 건축물의 용도별 범죄예방 기준	**제10조(100세대 이상 아파트에 대한 기준) – ③ 부대시설 및 복리시설**

1. 부대시설 및 복리시설은 주민 활동을 고려하여 접근과 감시가 용이한 곳에 설치하여야 한다.
2. 어린이 놀이터는 사람의 통행이 많은 곳이나 건축물 출입구 주변이나 각 세대에서 조망할 수 있는 곳에 배치하고, 주변에 경비실을 설치하거나 폐쇄회로 텔레비전을 설치하여야 한다.

제1장 총칙	**제2조(용어의 정의) "활동의 활성화"**

4. "활동의 활성화"란 일정한 지역에 자연적 감시를 강화하기 위하여 대상 공간 이용을 활성화 시킬 수 있는 시설물 및 공간 계획을 하는 것을 말한다.

제2장 범죄예방 공통 기준	**제6조(활동의 활성화 기준)**

① 외부 공간에 설치하는 운동시설, 휴게시설, 놀이터 등의 시설(이하 "외부시설"이라 한다)은 상호 연계하여 이용할 수 있도록 계획하여야 한다.
② 지역 공동체(커뮤니티)가 증진되도록 지역 특성에 맞는 적정한 외부 시설을 선정하여 배치하여야 한다.

부대시설 및 복리시설은 활동의 활성화(행위 지원) 등으로 표현되는 입주자 또는 주민들의 행위 지원과 밀접한 연관이 있다. 이러한 시설물은 주민들의 행위 지원을 통해 삶을 편리하고 윤택하게 할 뿐만 아니라, 서로에 대한 관심과 자연감시를 높여 범죄를 예방하는 효과가 있다.

- 커뮤니티가 증진되도록 시설의 종류와 배치를 고려하고, 마을 입구나 중심 공간에 시설을 배치하여 활동 거점 역할이 가능하도록 한다.
- 자연적 감시가 필요한 곳에 설치하여 주민들이 운동과 휴식을 하면서 자연스럽게 주변을 감시할 수 있도록 유도한다.
- 자연감시와 외부인 접근통제를 고려한 위치에 배치한다.
- 주변의 식재는 은신 공간 제거, 시야 확보 등을 고려해 수고(樹高)와 지하고, 식재 간격을 계획한다.
- 공간 구조를 다양화하고 지역주민의 활동을 활성화하는 시설 도입을 고려한다.
- 사람들의 다양한 행위를 유발할 수 있도록 공간과 시설을 연출하여 공간의 활용성을 증대시킨다.
- 지역의 경찰서·파출소 등과 방범 관련 협조 체계를 구축하여 정기적으로 순찰하도록 한다.
- 커뮤니티 센터나 노인정, 유치원 등의 시설물을 주민들이 빈번하게 다니는 곳에 배치하고, 창을 투명하게 하여 자연스럽게 볼 수 있도록 유도한다.
- 유치원 같은 교육 시설의 경우 내부 행동이 방해받지 않도록 최대한 배려하고, 외부인이 쉽게 출입하지 못하도록 출입통제 시스템을 도입한다.
- 유입 공간 입구와 출구에는 표지판과 조명을 충분히 설치하여 사람들을 인도한다.
- 단지 입구와 내부에 정자와 벤치를 설치하여 자연스럽게 주민들이 모이고 활동할 수 있는 공간을 조성하고, 이를 통해 자연감시가 이루어질 수 있게 한다.
- 벤치, 조형물, 정자(파고라), 운동시설 등은 가로등 주변이나 주요 동선에 인접해서 배치하고, 관리 담당 기관이나 관리자의 연락처를 표지를 부착한다.
- 벤치·파고라는 4면이 개방된 구조의 제품을 조명과 함께 설치한다.

- 주택 단지 중앙에 운동장·레크레이션 센터 등을 설치하여 지역주민의 소유감을 높이고 자연적 감시 기회를 제공한다.
- 주민자치센터, 관리사무소, 테니스코트, 어린이 놀이터를 가능한 한 단지 가운데 설치한다.
- 단독주택이나 아파트 단지 주변에 공원을 배치하여 지역주민들의 상호 교류 장소로 활용하고 단지별 영역성으로 인해 단절될 수 있는 관계를 보완하는 데 주안점을 둔다.
- 공원에는 운동시설을 설치하여 지역주민들의 활동이 활성화될 수 있도록 유도한다.
- 주변 조명은 사각지대가 발생하지 않도록 고르게 설치한다.
- 주변의 식재는 은신 공간 제거, 시야 확보 등을 고려해 수고와 지하고 또는 식재 간격을 계획한다.
- 단지 내 보행로는 야간 보행을 위해 보안등 또는 보행도로 조명(볼라드 등, 바닥 조명)을 설치한다.
- 시설물의 설계는 투명 구조로 하여 자연감시 기능을 높이고, 접근통제 방안도 이용자의 특성을 반영하여 출입제한구역과 이용가능구역을 명확하게 제시하도록 한다.

주민커뮤니티센터의 투시형 창(소재 : 유리)

- 보육시설은 자연감시와 외부인 접근통제를 고려한 위치에 배치한다.
- 출입구에는 반드시 잠금장치 시설을 하고, 방문객은 행정실을 통하여 출입하도록 한다.

- 단지 내에 있는 보육시설은 아파트 단지 내부를 통해서 출입할 수 있도록 배치한다.
- 단지 내 보육시설 출입구에는 영상정보처리기기를 설치한다.
- 주변의 식재는 은신 공간 제거, 시야 확보 등을 고려해 수고와 지하고 또는 식재 간격을 계획한다.

보육시설에 설치된 펜스

보육시설은 건물 주변에 펜스를 설치해 2중으로 안전을 꾀한다.

1) 어린이 놀이터

- 어린이 놀이터는 자연적 감시가 가능한 위치에 배치한다.
- 어린이 놀이터는 사람의 통행이 많은 곳, 주동 출입구 주변, 각 세대에서 볼 수 있는 곳에 배치하며, 어린이 놀이터 주변에 경비실을 설치하거나 영상정보처리기기를 설치한다.
- 어린이 놀이터의 모든 영역을 감시할 수 있도록 영상정보처리기기를 설치한다.
- 어린이들의 행동이 잘 보이는 곳에 보호자의 휴게시설을 설치한다.
- 어린이 놀이터 주변의 식재는 은신 공간 제거, 시야 확보 등을 고려해 수고와 지하고 또는 식재 간격을 계획한다.
- 벤치 및 파고라는 성인 한 명이 누울 수 없도록 설계(중간 팔걸이 등)하여 불량한 행태로 이용하지 못하도록 한다.

자연감시 원리 1 _ 어린이 놀이터

어린이 놀이터는 사람의 통행이 많은 곳이나 주동 출입구 주변, 또 각 세대에서 조망할 수 있는 곳에 배치하고, 주변에 경비실을 설치하거나 폐쇄회로 텔레비전을 설치한다.

자연감시 원리 2 _ 보호자 휴게시설

놀이시설물 주변 자연감시 기능을 강화한 식재 계획

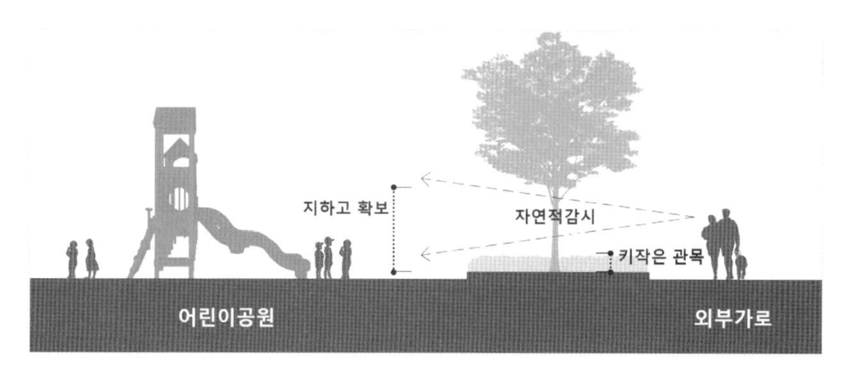

■ 놀이터나 휴게시설은 주민들에게 편안한 휴식을 제공하는 주요 시설이다. 따라서 입주자의 저녁시간을 방해하지 않는 선에서 야간에도 안전하게 이용할 수 있도록 조명을 설치한다. 주변에 눈부심 현상을 주지 않게 은은하고 고르게 하는 것이 좋다.

휴게시설 및 녹지 공간의 조명 설계

어두운 조명

밝고 고른 조명

자연감시를 위한 설계 사례 및 제안

오스트리아 빈에 있는 킬머중학교(Kilmer Middle School)의 교사는 약 80명이며, 행정원 같은 비교사 그룹의 비율이 40%가량 된다. 이 학교에는 경찰이 상시적으로 근무하고 있는데, 단순한 보안 업무에 그치지 않고 학생들의 교육을 돕는 조력자 역할도 하고 있다. 이들은 교실과 복도를 동시에 관찰할 수 있도록 배치된 교사 연구실에서 근무하면서 학생들의 움직임을 모니터링하고 있다.

자연감시 기능을 강화한 교사 연구실

교사연구실(왼쪽)과 Florida Safe School Design Guideline의 교실(오른쪽) 적용 사례(박성철, 「우수사례로 보는 학교 시설의 범죄예방환경설계」, 2012).

토마스 초등학교(Thomas Elementary School)의 교장실은 범죄 발생 가능성이 높은 놀이터 가까이 배치하여 쉽게 모니터링할 수 있게 하였다. 또한 자연감시 기능을 높이기 위해 2면에 설치하였다. 좀 더 자세히 살펴보면 다음과 같다.

자연감시 기능을 강화한 교장실과 놀이터

교장실(왼쪽)과 교장실에서 내다보이는 놀이터(오른쪽) 적용 사례(박성철, 「우수사례로 보는 학교 시설의 범죄예방환경설계」, 2012).

■ 제3단계 출입문인 교실, 교무실(교사실), 교장실, 행정실 및 각 기능실은 다음과 같이 자연감시가 가능한 투명문이나 벽으로 계획한다. 단, 외부인이나 수업시간 중 불필요한 통행 및 이동을 자제하도록 하고, 필요한 경우 수업에 방해가 되지 않도록 우회 동선을 계획한다.

3단계 영역 접근통제 및 자연감시 기능 강화

창에 시트를 붙인 불투명 구조(왼쪽)와 안이 훤히 들여다보이는 투명 구조(오른쪽)

■ 교무실이나 교장실, 그 밖의 행정실은 다음과 같이 학생들이 움직이는 동선이 잘 보이는 곳에 위치하도록 하고, 투명벽이나 문을 통하여 자연스럽게 보이도록 배치한다.

3단계 영역 자연감시 기능 강화

안에서 밖이 보이는 구조로 된 교무실이나 교장실(왼쪽)은 운동장이나 외부에서의 학생들의 움직임을 파악하는 데 용이하다.

2) 기타 부대시설

주민센터·보육시설 말고도 주민들이 이용하고 관리해야 할 부대시설로 쓰레기 집하장(분리수거장), 자전거 보관대 등이 있다. 이들 공간은 기본적으로 주민들이 관리해야 한다. 하지만 개선해야 할 문제점이 많아 아직은 경비실(관리실)이 주도적으로 관리하고 있다.

쓰레기 집하장(재활용품 분리장)

- 집하장 구조물은 투명 구조물로 제작하여 은신처가 생기지 않도록 한다.
- 단지 내 쓰레기 집하장은 쓰레기나 재활용품 등이 외부에 노출되지 않으면서도 잠재적 범죄자가 숨을 수 없도록 디자인한다.
- 화재 등에 대비하여 소화시설을 갖춘다.

자전거 보관대

- 자전거 보관대는 출입구에서 가시성이 확보되는 곳에 설치한다.
- 자전거 보관대는 외부인이 접근하기 어려운 곳, 보안실(관리실)과 인접한 곳 또는 영상정보처리기기가 설치되어 있는 곳에 설치한다.
- 자전거 보관대(소)는 외부인의 접근통제 기능(잠금장치 설치, 출입문 설치)을 갖추고, 주차장 주변에 위치하도록 한다.

2.4. 경비실/ 택배함/ 우편함

국토교통부 범죄예방 건축기준 고시

제3장 건축물의 용도별 범죄예방 기준	제10조 (100세대 이상 아파트에 대한 기준) – ④ 경비실

④ 경비실 등은 다음 각 호와 같이 계획하여야 한다.
1. 경비실은 필요한 각 방향으로 조망이 가능한 구조로 계획하여야 한다.
2. 경비실 주변의 조경 등은 시야를 차단하지 않도록 계획하여야 한다.
3. 경비실 또는 관리사무소에 고립 지역을 상시 관망할 수 있는 영상정보처리기기 시스템을 설치하여야 한다.
4. 경비실·관리사무소 또는 단지 공용 공간에 무인택배 보관함의 설치를 권장한다.

경비실(관리실·보안실) 주요 체크리스트	반영 여부
① 주민의 안전을 효율적으로 집행할 수 있는 곳에 설치한다.	
② 경비실은 주변 감시가 용이하도록 사면을 투명창으로 설치한다. 경비실 주변에는 자연감시 기능에 방해가 되는 수목 및 설치물을 두지 않는다.	
③ 적정한 조명을 설치하여 야간에도 쉽게 찾고 도움을 청할 수 있도록 한다.	
④ 출입구, 택배함, 자전거 보관함, 쓰레기 분리수거함 등이 가능한 한 잘 보이고, 관리가 용이한 곳에 배치한다.	
⑤ 영상정보처리기기 모니터링 시스템과 비상벨 알림 기능을 바로 인지할 수 있는 시설물을 설치하고 추가 인력이 필요할 경우 비상망을 가동할 수 있도록 한다.	
⑥ 경비원이 본인의 업무를 충실히 할 수 있도록 정해진 시간에 휴식할 수 있는 공간을 제공한다.	

1) 경비실

인력을 통한 관리비는 지속적으로 지출이 이루어지기 때문에 최근 이러한 고정비를 줄이기 위하여 인력을 줄여 나가고 있는 추세이다. 그러나 인적 경비를 통한 감시나 관리 업무가 꼭 필요한 부분이 있다.

경비실을 설치할 때는 다음과 같은 점을 유의하여야 한다.

- 경비실은 감시가 필요한 각 방향에 대한 조망이 가능하여야 하며, 시야 확보에 지장이 없는 구조로 계획한다.
- 경비실 주변 시설과 조경은 경비실 내에서 외부를 조망할 수 있도록 시야를 차단하지 않도록 한다.
- 경비실에서 직접 감시하기 어려운 곳이나 사각지대는 CCTV와 비상벨을 설치하여 모니터를 통해 감시하고 비상시 도움을 요청할 수 있도록 한다. 인적 경비는 현실적으로 24시간 빈틈없이 모니터로 감시하기가 어렵다. 인적 경비는 대부분 단지 내에서 일어나는 많은 일을 처리해야 하기 때문이다. 이러한 점을 감안할 때 가능한 한 사각지대를 줄이고 자연감시 기능을 높이는 것이 바람직하다.
- 경비실은 출입구뿐만 아니라 보행 동선이 잘 보이는 곳에 설치해야 할 뿐만 아니라 주차장, 우편함, 택배함, 쓰레기 분리수거장, 자전거 보관대 등의 시설물과 유기적으로 연결되어 있고 자연감시가 가능한 공간이어야 한다.
- 경비실은 인적 자원이 물리적으로 감시하는 공간이다. 그러나 대부분의 공간이 최적의 인원으로 관리되고 있는 상황에서 다양한 업무를 수행해야 하는 관리인(보안 전문 업무자 제외)의 업무 특성상 다양한 형태의 업무를 병행해야 하므로 인적 보안 업무에 전적으로 의존하는 것은 무리가 있다. 기본적으로 물리적인 감시시스템(영상정보처리기기, 자동주차관리시설 등)을 구축한 후 관리 차원의 업무 배정을 하는 것이 효과적이다.

1단계 출입구 관리실(경비실)

문주와 접해 있는경비실

반영 전

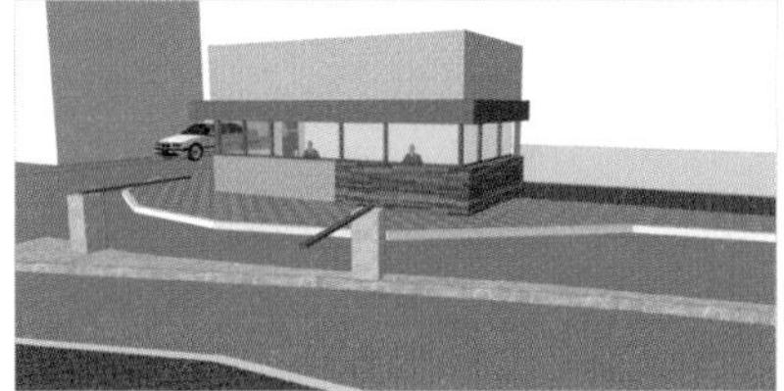

반영 후(4면 투시형)

2) 택배함

택배함과 우편함을 범죄예방환경설계에서 다루는 이유는 전단지, 우편, 물품 배달을 위해 외부인이 드나드는 상황에서 출입자의 신원 확인을 매번 철저히 한다는 것이 현실적으로 쉽지 않기 때문이다.

- 택배함은 물건들이 오가는 상황이므로 좀 더 유의하여 설치하도록 한다.
- 입구 공간에 여유가 있다면 중간문을 두어 문과 문 사이에 택배함과 우편함 등을 두도록 한다.

■ 단지 규모에 따라 택배함·우편함 관리 부분을 1단계 출입구에서 다룰지, 2차 출입구에서 다룰지를 정하여 관리한다.

■ 최근에는 각종 전단지·우편·물품을 배달하는 외부인을 효율적으로 관리하기 위해 양방향 택배함이나 무인택배함 등을 설치하고 있는 추세이다.

양방향 택배함 또는 우편함

양방향 택배함이나 우편함을 이용할 경우 배달자가 굳이 내부로 들어올 필요가 없으므로 진입 통제 부담이 적어진다. 또한 택배가 배달될 시간에 집에 있어야 물품을 받을 수 있다는 부담감과 그러지 못할 경우 경비원에게 업무가 부과되는 것을 줄일 수 있어 최근 많이 논의되고 있다.

세대수가 많을 경우 공간을 좀 더 잘 활용해야 한다는 부담감이 있고, 물품이 클 경우 기존 방법을 이용해야 하는 경우가 있다. 물론 현재로서 해결해야 할 과제가 전혀 없는 것은 아니지만, 이는 차츰 새로운 아이디어들로 해결해 가고 있는 중이다.

양방향 우편함

무인택배함

무인택배함을 인터넷으로 검색해 보면 다양한 방식의 제품이 있는 것을 알 수 있다.

무인택배 보관함

방문자 대기실

방문자에 대한 출입통제를 강화해야 할 경우, 방문자 대기실을 설치하고 관리실(경비실)이 통제 가능하도록 운영·관리한다.

현실적으로 소규모의 다세대주택 단지는 인적 노동력을 활용한 경비실을 갖추기 어려운 경우가 많다. 그러므로 1, 2단계 출입문에 대한 좀 더 충분한 보안 대책이 필요하다.

이 밖에도 경비실에서 신경써야 할 공간은 많다. 특히 재활용품 분리장, 쓰레기 집하장, 자전거 보관대 등은 이용자들과 함께 경비실에서 관여해야 하는 공간이다. 따라서 효율적인 관리를 위해 경비실 주변이나 관리하기 용이한 공간에 배치하는 것이 바람직하다.

대기자 공간

2.5. 주차장

주차장 내부는 인적이 드문 곳이 많고, 이용률이 높은 곳이라 하더라도 차와 기둥에 가려 사각지대가 많이 발생할 수밖에 없다. 그런 이유로 범죄가 비교적 자주 일어나고 있어 범죄에 대한 공포감이 높은 공간이다.

국토교통부 범죄예방 건축고시(주차장)

제3장 건축물의 용도별 범죄예방 기준	제10조(100세대 이상 아파트에 대한 기준) – ⑤ 주차장

⑤ 주차장은 다음 각 호와 같이 계획하여야 한다.
1. 주차구역은 사각지대가 생기지 않도록 하여야 한다.
2. 주차장 내부 감시를 위한 영상정보처리기기 및 조명은 「주차장법 시행규칙」에 따른다.
3. 차로와 통로 및 출입구의 기둥 또는 벽에는 경비실 또는 관리사무소와 연결된 비상벨을 25미터 이내마다 설치하고, 비상벨을 설치한 기둥(벽)의 도색을 차별화하여 시각적으로 명확하게 인지할 수 있도록 하여야 한다.
4. 여성전용 주차구획은 출입구 인접 지역에 설치를 권장한다.

제3장 건축물의 용도별 범죄예방 기준	제11조(다가구주택, 다세대주택, 연립주택, 100세대 미만의 아파트, 오피스텔 등에 대한 기준)

8. 주차 구역은 사각지대가 생기지 않도록 하고, 주차장 내부 감시를 위한 영상정보처리기기 및 조명은 「주차장법 시행규칙」에 따른다.

제3장 건축물의 용도별 범죄예방 기준	제12조(문화 및 집회시설·교육연구시설·노유자시설·수련시설·오피스텔에 대한 기준)

② 주차장의 계획에 대하여는 제10조 제5항을 준용한다.

주차장 주요 체크 리스트	반영 여부
① 상가 이용자와 주거자 이용 시설이 공존할 경우 출입구를 별도로 하거나 이용 구역을 나눈다.	
② 출입차단기를 설치하여, 외부 이용자의 사용 목적에 따른 제한을 둔다.	
③ 출입구와 내부에 조명 및 차량번호와 안면인식이 비교적 명확하게 되는 영상정보처리기기를 설치한다.	
④ 비상벨을 설치한다.	
⑤ 장애우 및 여성 전용 주차장을 건물 출입구에 인접하게 배치한다.	
⑥ 이용 안내판을 설치한다.	
⑦ 기계식 주차장의 경우, 이용 안내문을 정확하게 표기하여 설치하고 관리인을 두어 이용을 돕는다.	
⑧ 자연감시 기능을 높일 수 있는 주민 휴게시설이나 운동시설을 배치한다.	

주차장법 시행규칙에 따른 주차장 관련 참고사항은 위와 같다. 이 밖에도 참고해야 할 사항이 많으므로 별도로 내용을 숙지하는 것이 필요하다.

한편 최근 들어 기계식 주차장이 급속하게 늘어나고 있다. 이에 따라 해결해야 할 문제가 많지만 여기에서는 조도와 경보 장치 관련 부분에 대해서만 다루기로 한다.

주차장은 대체로 한적한 공간과 주차 차량들로 인해 시선 제약이 많아 신체적으로 불리한 입장에 있는 사회적 약자가 대응하기 힘든 공간이다. 최근에는 주차장에 부대시설(운동시설, 모임 공간)을 가까운 곳에 배치하여 자연감시 기능을 높이고 범죄에 대한 공포심과 범죄율을 낮추기 위해 노력하고 있다.

다음은 주차장법 시행규칙에서 조명(조도)과 영상정보처리기기에 관한 내용을 발췌한 것이다.

국토교통부 주차장법 시행규칙

주차장법 시행규칙
제6조(노외주차장의 구조 · 설비 기준) ① 법 제6조 제1항에 따른 노외주차장의 구조·설비 기준은 다음 각 호와 같다. <개정 2018.10.25> 9. 자주식 주차장으로서 지하식 또는 건축물식 노외주차장에는 벽면에서부터 50센티미터 이내를 제외한 바닥면의 최소 조도(照度)와 최대 조도를 다음 각 목과 같이 한다. **가. 주차 구획 및 차로: 최소 조도는 10럭스 이상, 최대 조도는 없음** **나. 주차장 출구 및 입구: 최소 조도는 300럭스 이상, 최대 조도는 없음** **다. 사람이 출입하는 통로: 최소 조도는 50럭스 이상, 최대 조도는 없음** 10. 노외주차장에는 자동차의 출입 또는 도로교통의 안전을 확보하기 위하여 필요한 경보장치를 설치하여야 한다. 11. 주차 대수 30대를 초과하는 규모의 자주식 주차장으로서 지하식 또는 건축물식 노외주차장에는 관리사무소에서 주차장 내부 전체를 볼 수 있는 영상정보처리기기(녹화장치를 포함한다) 또는 네트워크 카메라를 포함하는 방범 설치를 설치·관리하여야 하되, 다음 각 목의 사항을 준수하여야 한다. **가. 방범설비는 주차장의 바닥면으로부터 170센티미터의 높이에 있는 사물을 알아볼 수 있도록 설치하여야 한다.** **나. 폐쇄회로 텔레비전과 네트워크 카메라와 녹화장치의 모니터 수가 같아야 한다.** **다. 선명한 화질이 유지될 수 있도록 관리하여야 한다.** **라. 촬영된 자료는 컴퓨터 보안시스템을 설치하여 1개월 이상 보관하여야 한다.** 제16조의 2(기계식 주차장의 설치 기준) ① 법 제19조의 5에 따른 기계식 주차장의 설치 기준은 다음 각 호와 같다. 〈2019.3.1〉 4. 기계식 주차 장치에는 벽면으로부터 50센티미터 이내를 제외한 바닥면의 최소 조도를 다음 각 목과 같이 한다. 가. 주차 구획: 최소 조도는 50럭스 이상 나. 출입구: 최소 조도는 150럭스 이상

※ 영상정보처리기기(2019년 개정 전에는 '폐쇄회로 텔레비전' 또는 CCTV로 기재)에 대한 내용은 114쪽에 설명되어 있다.

- 주차장 출입구, 내부, 주차장 승강기 내부 및 홀 등 주차장 공간에 사각지대가 발생하지 않도록 영상정보처리기기, 비상벨 등의 보안시설의 경우 감시가 가능하도록 통제센터를 구축하고, 규모상 통제센터 설치가 어려울 경우 보안실에서 전담 요원이 담당하도록 한다.
- 주차장을 주민 공동시설과 연결시켜 자연감시 기능을 확대한다.
- 주차장 바닥, 벽면, 천장에 방향 안내 표지판을 설치한다.

1) 주차장 출입구

- 주차장 입구에 차량번호와 탑승자의 얼굴이 인식되도록 영상정보처리기기를 설치한다.
- 진입과 주차, 출차 시 진출입과 위치 인식이 용이하도록 안내시스템, 색채 등을 차별화하고 효율적으로 디자인한다.

주차장 출입구 출입통제

주차장 입구는 가시성이 좋도록 한다. 출입하는 차량의 번호나 얼굴이 잘 인식되도록 영상정보처리기기를 설치한다.

- 주차장 출입구에는 출입차단기/영상정보처리기기/차량자동인식 시스템을 연계시킨다.

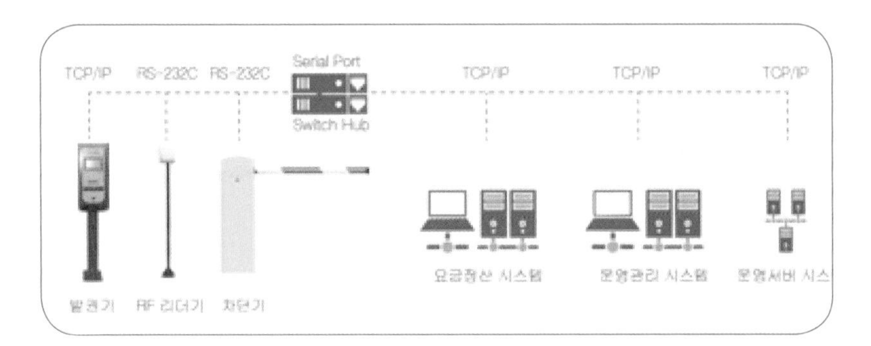

진입 차단 시스템

주차장 출입구에 진입 차단 시스템을 설치한다. 최근에는 번호인식기 제품이 많이 사용되고 있다.

2) 주차장

- 지상·지하 모두 출입구 근접 지역에 장애우 및 여성 전용 주차장을 설치한다.
- 주차장 출입구 근접 지역은 여성 및 사회적 약자를 위한 곳으로 배치한다. 되도록 지상층에 위치하도록 하고, 부득이하게 지하에 배치할 경우 지하 최상층 출입구에 위치시키고 다른 층도 출입구에 위치하도록 한다.
- 설치되는 비상벨(안심벨)은 시각적으로 명확하게 인지될 수 있도록 계획하고, 경비실과 연결된 비상벨을 설치하되 차로 또는 통로는 25미터 이내마다 설치한다.
- 위험도가 높은 지역에서는 비상벨(안심벨)을 누를 경우 경보음이 울리거나 조명이 작동해서 주변에서 상황을 확인할 수 있도록 한다. 음성 지원 시설 등도 고려한다.
- 아파트 단지 안에 설치되는 비상벨(안심벨)은 경비실이나 관리실과 직접 연계되도록 한다.
- 비상벨(안심벨)은 작동이 원활히 이루어지는지 주기적으로 확인한다.
- 주요 범죄 취약 공간에 안심벨을 설치하고, 경찰 또는 경비업체와의 시스템 연계, 경광등, 음성 지원 시설 등과 같이 통합 계획한다.

교통약자인 장애우와 여성 운전자의 주차장 내 위치를 출입구 주변에 배치

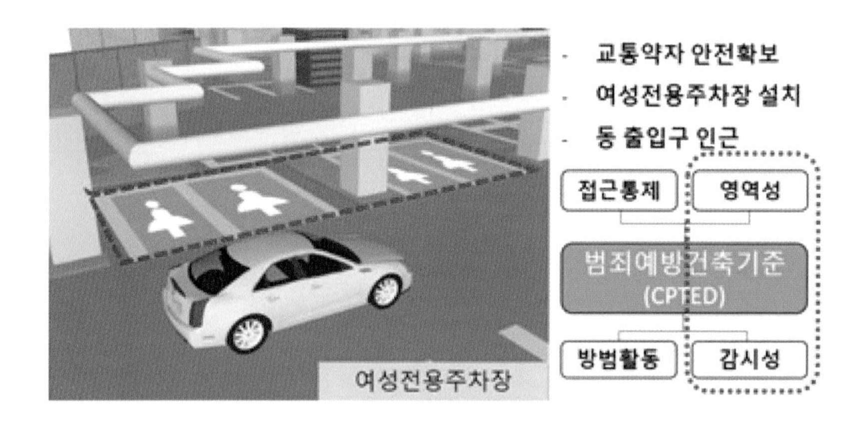

센서 감지 시스템

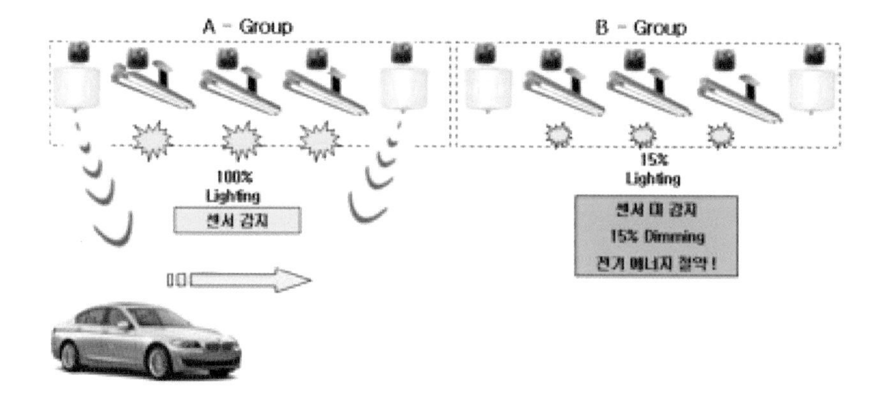

- 주차장에 일정한 간격으로 비상벨을 설치한다.
- 주차장 내부 등에 동작 감지 기능을 설치하여 차나 사람의 움직임에 반응하도록 하여 주변을 인식하게 한다. 이때 에너지 효율성도 고려한다. 자동차가 지나갈 때는 센서가 감지해 등이 켜지고 자동차나 사람의 움직임이 없을 때에는 최저 상태인 15%로 유지되어 에너지를 절약한다.
- 지하주차 공간에서 코어 부분(승강기 홀 또는 계단실)까지의 이동 경로는 자연감시를 위해 단순명료하게 계획하고 사각지대는 제거한다. 또한 주차 지점, 계단 및 엘리베이터, 출구 방향 등을 명확하게 알려주는 표지판을 설치한다.
- 지하주차장 진입부(경사로 포함)에는 조명을 설치한다.
- 지하주차장 조명은 조도가 100Lux 이상이 되도록 설치한다.
- 지하주차장은 눈부심 방지(glare-free) 조명으로 설계하며, 움직임 감지등으로 설치한다.
- 지하주차장과 주동이 연결된 경우 세대 내에 지하 주동 출입구 감시 및 출입통제 시설을 설치한다.
- 주차장 내에 있는 주차관리실은 건물 창을 최대한 크게 만들어 자연감시 기능을 높이고, 주변에 자연감시 기능을 떨어뜨리는 나무나 그 밖의 시설물을 설치하지 않는다.

- 지하주차장은 선큰이나 천창 등을 활용하여 자연채광과 자연감시를 고려한 디자인을 적용한다.
- 지하주차장의 주차 구획은 기둥과 벽면의 가시권을 늘리고 사각지대가 생기지 않도록 배치한다.
- 지하주차장 기둥과 벽면은 규칙적인 배열을 통해 시야가 확보되도록 배치한다.
- 지하주차장 벽면이나 천장은 가시성을 높일 수 있는 밝은 색채 또는 마감재를 적용한다.
- 기둥이나 공간의 색을 달리하여 무의식적으로 자신의 위치를 확인하도록 한다.
- 기둥과 벽 공간에 숫자나 이미지를 기재하여 위험에 처했을 때 자신의 위치를 최대한 빨리 인지하고 알릴 수 있도록 한다.
- 지하주차장의 도색 색상은 빛의 반사도가 좋은 밝은 색으로 한다. 또는 반사용 페인트를 사용하여 차량이 지나갈 때 주변이 좀 더 밝게 변하도록 유도한다.
- 주차장 바닥이나 벽면, 천장에 주차 지점, 계단과 승강기, 출구 방향 등을 명확히 알려주는 디자인을 적용한다.

공간별 색채 차별화를 통한 공간 인식 1

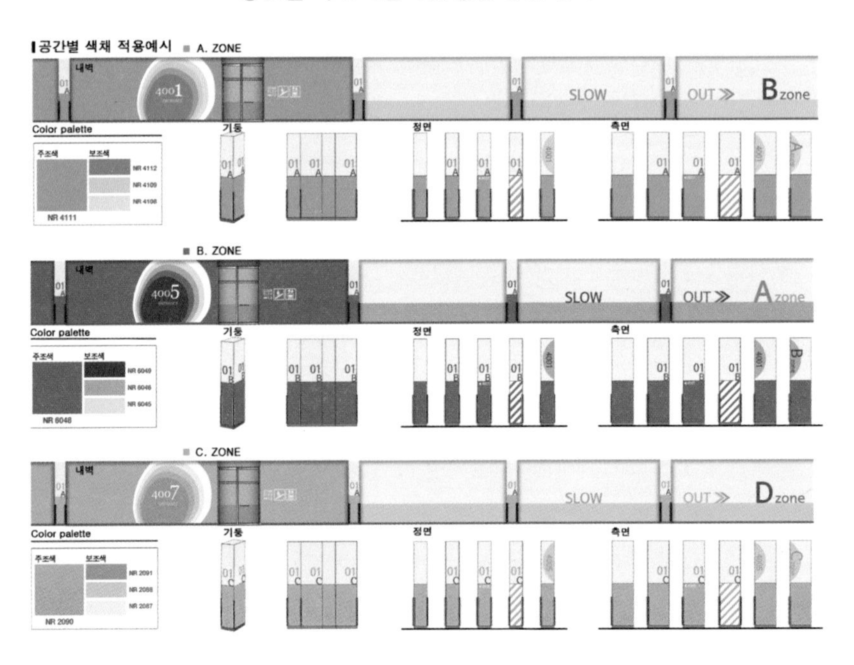

공간별 색채 차별화를 통한 공간 인식 2

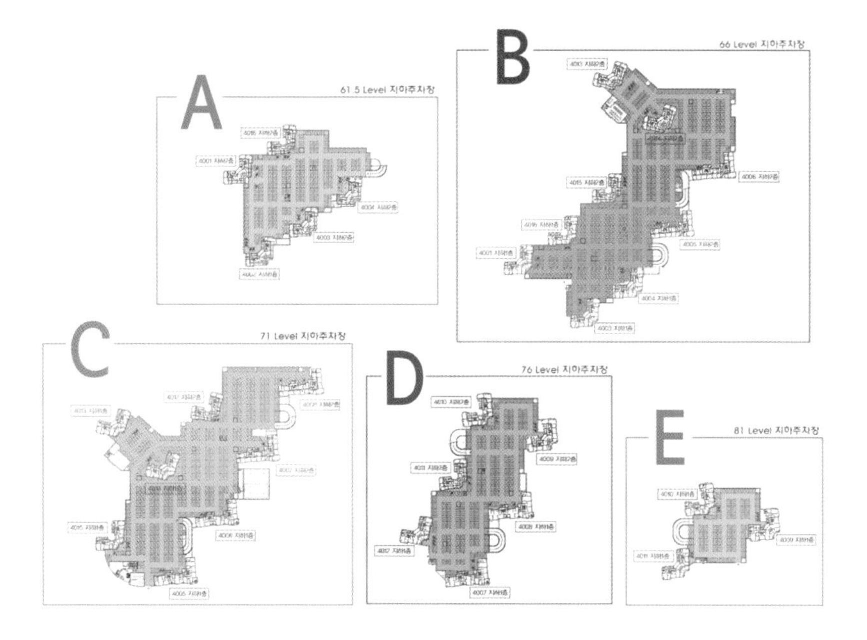

■ 방향과 상황을 인지할 수 있는 사인 형태와 이미지를 명확히 한다.

공간별 색채 차별화를 통한 공간 인식 3

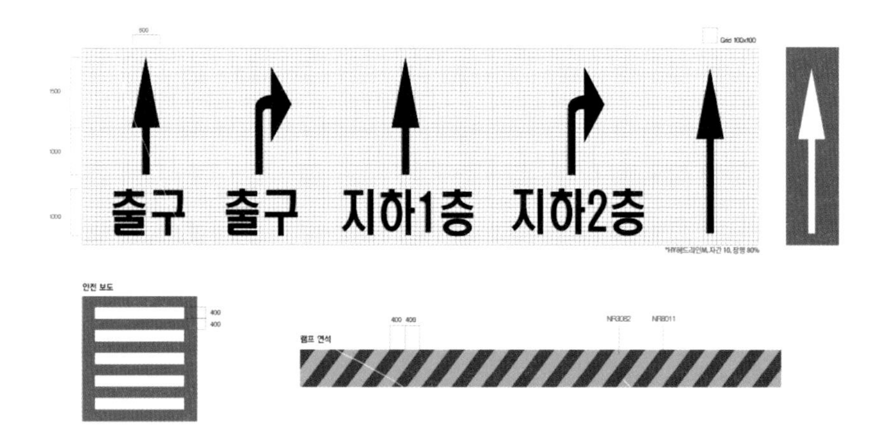

- 주차 공간 주변에는 숨을 공간이나 함정 지역이 생기지 않도록 하고 밀식형 관목은 피한다. 교목을 심을 때에는 일정 높이 이상의 지하고를 가지고 교목을 식재해야 시야를 확보할 수 있다.
- 수목 식재로 인하여 조명을 가리지 않도록 조명과 조경 간의 공간을 충분히 두어 시야를 확보할 수 있게 한다.
- 지상 주차 공간의 조명은 사각지대가 발생하지 않도록 고르게 설치한다.

자연감시 기능을 강화한 지하 주차장 공간 1

유리 벽면을 이용해 지하주차장 자연감시 기능을 강화하고 출입구를 명확히 인지할 수 있도록 한다.

자연감시 기능을 강화한 지하 주차장 공간 2

지하주차장 시설에 주민센터나 운동센터 등을 배치하여 자연감시 기능을 높인 경우이다.

2.6. 조경

조경은 친환경 공간을 조성할 뿐만 아니라 공간을 구획하고 조성하는 데 유용한 방안이다. 그러나 무계획적인 조경은 공간을 위험 지역으로 만들 수 있다. 또한 식물은 계속 성장하기 때문에 지속적으로 유지관리를 해야 애초의 의도를 살릴 수 있다.

국토부 범죄예방 건축기준 고시(조경)

제2장 범죄예방 공통 기준	제7조(조경 기준)

① 수목은 사각지대나 고립지대가 발생하지 않도록 식재하여야 한다.
② 건축물과 일정한 거리를 두고 수목을 식재하여 창문을 가리거나 나무를 타고 건축물 내부로 범죄자가 침입할 수 없도록 하여야 한다.

제3장 건축물의 용도별 범죄예방 기준	제10조(100세대 이상 아파트에 대한 기준) – ② 담장

3. 울타리용 조경수를 설치하는 경우에는 수고 1미터에서 1.5미터 이내인 밀생 수종을 일정한 간격으로 식재하여야 한다.

제3장 건축물의 용도별 범죄예방 기준	제10조(100세대 이상 아파트에 대한 기준) – ④ 경비실

2. 경비실 주변의 조경 등은 시야를 차단하지 않도록 계획하여야 한다.

제3장 건축물의 용도별 범죄예방 기준	제10조(100세대 이상 아파트에 대한 기준 – ⑥ 조경

⑥ 조경은 주거 침입에 이용되지 않도록 하여야 한다.

조경 주요 체크 리스트	반영 여부
① 조경에 사용되는 수목이나 시설물은 꾸준한 관리가 필요하다. 관리가 용이한 소재를 선택하고 주기적인 관리가 되도록 매뉴얼을 남긴다.	
② 수목의 설치가 자연감시 기능을 저해하지 않도록 계획한다.	
③ 건물 침입이 가능하도록 수목을 식재하지 않는다.	
④ 은신처가 생기지 않도록 수목을 식재한다.	
⑤ 수목은 보행자의 얼굴이 가리지 않도록 일정한 수고를 유지한다.	
⑥ 수목 식재 중 교목의 경우 하부 2m 이상의 시야를 확보할 수 있도록 한다.	
⑦ 수목 사이에 있는 보안등은 수목으로 인해 조도가 방해받지 않도록 한다.	
⑧ 사적 공간과 공적 공간의 위계를 명확히 인지할 수 있는 식재 설계를 계획한다.	

- 수목을 항상 잘 정돈하고 관리하여 시야나 조명을 가리지 않도록 한다.
- 수목의 식재로 인하여 은신 장소를 제공하거나 함정 지역이 생기지 않도록 한다.
- 투시형 담장에 꽃나무나 관목을 심을 경우, 밀식률이 적은 화종이나 관목을 심는다.
- 조경은 시야 확보가 가능하며 사람의 출입에 대한 자연감시가 가능하고 숨을 공간이 없도록 계획한다.
- 과도한 식재로 인해 사각지대가 생기거나 정원 조명을 가리지 않도록 한다.
- 단독주택 정원에 수목을 식재할 때는 창문을 가리지 않도록 한다. 처음에는 가리지 않더라도 대부분의 수목이 성장하여 창을 가릴 수 있으므로, 주기적으로 기준에 맞추어 관리하도록 한다.
- 조명 주위에 나무를 심을 때는 일정한 거리를 두거나 가지치기를 하여 조명을 가리지 않도록 한다.
- 주거 침입에 이용되지 않도록 건물과 나뭇가지가 일정 간격 이상 떨어지도록 설치한다. 이때 수목이 자라는 속도를 감안하여 설계한다.
- 부적절한 조경 식재의 경우, 사각지대와 은닉 공간을 만들 수 있으므로 주의한다.

■ 건물의 창문 앞에는 개방성을 위해 키가 낮은 관목을 심고 순차적으로 교목을 식재하되, 교목은 일정 높이 이상의 지하고를 유지하여 시야를 확보한다.

셉테드 관점에서의 식재 계획 1

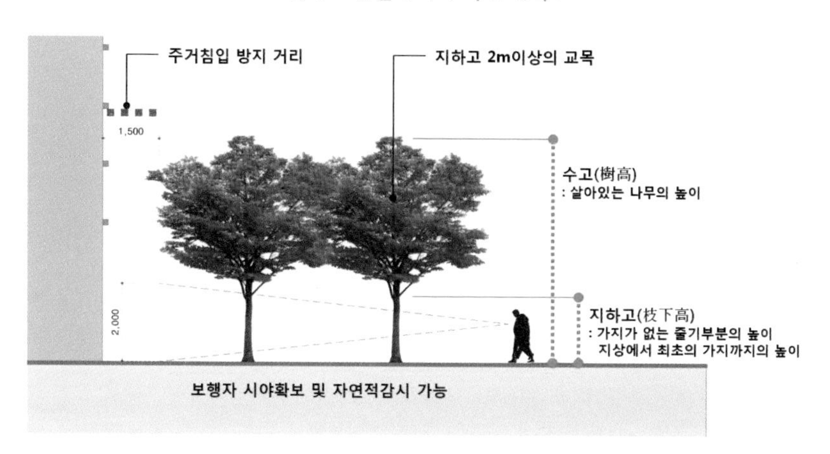

■ 공동주택 내 정원에는 보행 동선을 유도하고, 자연감시를 위하여 보행로 경계부에서 50cm 이하로 자라는 수종을 식재한다.

■ 주동 전면에 식재되는 관목은 50cm 이하, 교목은 지하고 2m 이상으로 식재한다.

셉테드 관점에서의 식재 계획 2

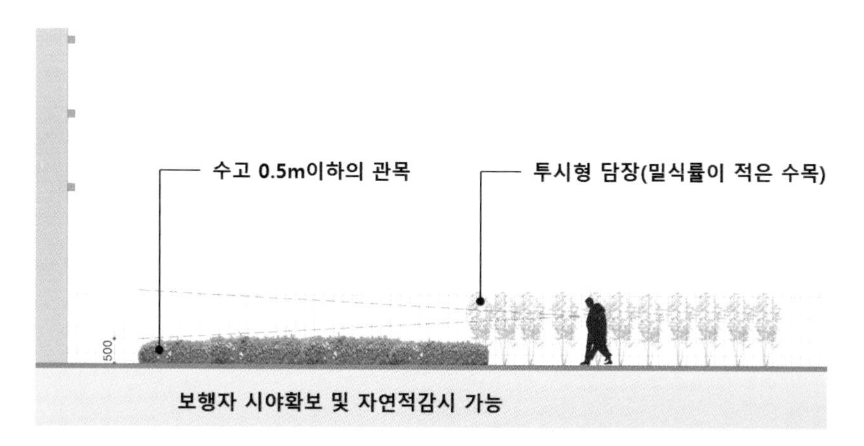

조경 공간의 유지관리

조경 공간은 조성만큼 중요한 것이 관리다. 대부분의 식물은 환경이 맞으면 계속 성장하기 때문이다. 관리가 안 될 경우 위생 등 환경 문제뿐만 아니라 여러 가지 문제가 발생할 수 있다.

건축물 수목 관리

집 주변 수목의 수고와 지하고 관리, 잡목들을 관리할 때 자연감시 기능을 고려한다.

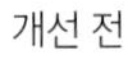

개선 전 　　개선 후

공원 조경 계획

- 공원 내 조경 수목의 위치와 식재 간격은 보행자의 시선 연결 확보, 잠재적 범죄자의 은신 공간 제거, 인접 가로 시설물(영상정보처리기기·가로등 등)의 기능 유지를 고려하여 계획한다.
- 공원의 주변 관목은 은닉 공간을 형성하지 않고 시야를 확보할 수 있도록 수고가 제한되는 수종으로 계획한다.

- 산책길 주위에는 관목을 설치하고 안쪽으로 교목을 식재(지하고 2m 이상)하여 공원 이용자의 시야를 방해하지 않도록 한다..
- 공원의 담장을 대체하거나 영역 구분을 위해서 식재되는 관목의 수고를 적정 높이(50~75cm) 이하로 규제한다(시야 확보).
- 어린이 공원의 경우, 외부 가로와 건축물 등으로부터 수목으로 인해 시선이 가려져 범죄가 발생하지 않도록 교목의 높이와 수종을 고려하여 식재한다.
- 지하주차장 출입구 좌우 3m 구간에는 시야를 차단할 수 있는 교목이나 지엽(枝葉)의 관목 조경수 식재를 피하고, 식재 시 조명과 연계하여 계획한다.

범죄예방환경설계에서 조경은 기존의 조경 개념과 배치되는 부분이 있어 좀 더 신경써야 하는 분야이다. 그동안 조경은 울창한 나무와 다양한 식재 방식, 화려한 시설물이 잘하고 못함의 측도였기 때문에 주로 명확하고 간결한 것을 요구하는 범죄예방환경설계 기준과는 배치되는 측면이 있다. 즉 울창함보다는 주변이 잘 보일 수 있도록 수목의 수를 정하고, 울창하더라도 나무의 높이가 자연감시가 가능한 수준이어야 하는 등 기존의 조경 기법과는 차이가 있었다. 다양한 조건을 충족하더라도 조경에 쓰이는 많은 소재들이 생명력을 가지고 높이가 자라거나 부피를 늘리는 생육 활동을 하는 식물들이 많으므로 무엇보다도 주기적이고 장기적인 계획이 필요하다.

2.7. 조명

조명은 거의 모든 공간에 설치되며, 사각지대를 보완하고 안전구역을 형성하는 중요한 요소이다.

국토교통부 범죄예방 건축기준 고시(조명)

제2장 범죄예방 공통 기준	제8조(조명 기준)

① 출입구, 대지 경계로부터 건축물 출입구까지 이르는 진입로 및 표지판에는 충분한 조명 시설을 계획하여야 한다.
② 보행자의 통행이 많은 구역은 사물의 식별이 쉽도록 적정하게 조명을 설치하여야 한다.
③ 조명은 색채의 표현과 구분이 가능한 것을 사용해야 하며, 빛이 제공되는 범위와 각도를 조정하여 눈부심 현상을 줄여야 한다.

제3장 건축물의 용도별 범죄예방 기준	제10조(100세대 이상 아파트에 대한 기준)

① 단지의 출입구는 다음 각 호의 사항을 고려하여 계획하여야 한다.
3. 조명은 출입구와 출입구 주변에 연속적으로 설치하여야 한다.
⑦ 건축물의 출입구
3. 출입구에는 주변보다 밝은 조명을 설치하여 야간에 식별이 용이하도록 한다.

제3장 건축물의 용도별 범죄예방 기준	제12조(문화 및 집회시설·교육연구시설·노유자시설·수련시설·오피스텔에 대한 기준)

③ 차도와 보행도가 함께 있는 보행로에는 보행자 등을 설치하여야 한다.

조명 주요 체크 리스트	반영 여부
① 눈부심이나 높은 조도로 인해 방해가 되지 않는 한 설치되지 않는 곳이 없도록 고르게 설치한다.	
② 안전장치와 타이머, 센서등을 설치하여 안전과 이용 효율을 높인다.	
③ 옥내용과 옥외용, 수목등, 보행등, 비상등, 센서등과 같이 이용 목적에 맞는 조명을 사용한다.	
④ 공간별 조도를 고려한다.	
⑤ 유입 공간(보행로 및 차로), 출입구, 안내판은 충분한 조명 시설을 설치하여 사람들을 인도하도록 한다.	
⑥ 어두운 공간이 없도록 하고 가능한 한 균등하게 설치한다. 단, 주변 이용자나 주민들에게 방해가 되지 않도록 계획해야 하며, 부득이 방해될 경우 차광 구조를 설치한다.	
⑦ 그늘진 곳, 보이지 않는 곳, 움푹 들어간 곳에는 조명을 좀 더 신경써서 설치하여 해당지의 특성을 파악할 수 있도록 한다. 특히 움푹 들어간 곳은 발을 헛디디지 않도록 도와준다.	
⑧ 최소 10미터 거리에서 야간에 상대방의 얼굴을 인식할 수 있을 정도의 조도를 유지한다.	
⑨ 보행등을 설치할 경우에는 나무의 지하고를 고려하여 조명이 방해받지 않도록 한다.	
⑩ 높은 조도의 조명보다 낮은 조도의 조명을 많이 설치하여 그림자가 생기지 않도록 하고 과도한 눈부심을 줄인다.	
⑪ 가로의 조명 시설은 차도와 보행 공간의 영역 및 사용성을 구분하여 설치한다.	
⑫ 주변에 식재된 조경이나 시설물로 인해 조도가 떨어지지 않도록 일정한 거리를 두어 설치하거나 전정과 전지를 통해 조도를 확보한다.	
⑬ 조명 설치 시 주변에 주택가가 있을 경우 수면을 방해하지 않도록 위치와 조도를 고려한다.	
⑭ 가로등은 사각지대가 발생하지 않는 간격으로 설치한다. 직선거리에서는 일정한 간격을 유지하더라도 코너나 갈림길에서는 사각지대가 발생하지 않도록 설치한다.	
⑮ 가로등에는 번호 안내 표시를 하여 위험에 처했을 때 본인의 위치를 알리기 쉽도록 한다. 가능한 한 2~3자리 숫자 범위를 넘지 않도록 한다.	

조명 주요 체크 리스트	반영 여부
⑯ 유사한 형태의 골목길일 경우, 등주나 번호 안내 표시판의 색을 달리해 본인이 있는 위치를 무의식적으로 인지하게 한다.	
⑰ 공원 조명 - 공원 입구, 표지판, 통로, 산책로, 화장실 주변에는 유도등·보행등을 설치하여 야간 불안감이 감소되도록 설치한다. - 산책로는 조도를 충분히 확보하고, 균일한 간격으로 설치한다. - 공원에 식재된 조경 수목의 성장에 방해가 되지 않도록 조명을 설치한다.	
⑱ 균등하게 사각지대가 생기지 않도록 배치하는 것이 핵심이다. 특히 단이 생기거나 외진 곳은 야간에 발을 헛디디지 않도록 효과적으로 설치한다.	
⑲ 장소와 용도에 맞는 제품과 친환경 제품을 선택한다.	

공간별 조도 계획

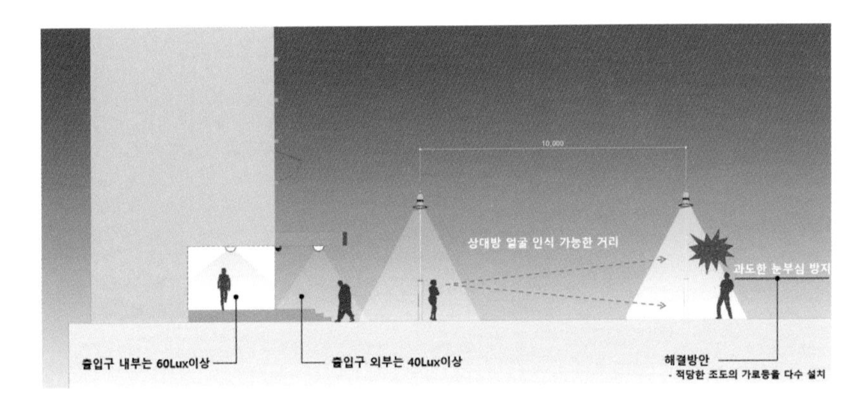

주차장 조명 계획 및 식재 위치

(반영 전) 무성한 나뭇가지로 인해 조명의 빛이 투과되지 못하는 경우이다.

(빈영 후) 전반적으로 골고루 밝은 조명 계획. 나무의 높이를 고려하고 어느 한쪽만 밝지 않게 한다. 가로등 사이에 보행등을 이용해도 좋다.

조명 배치 간격과 조도 계획

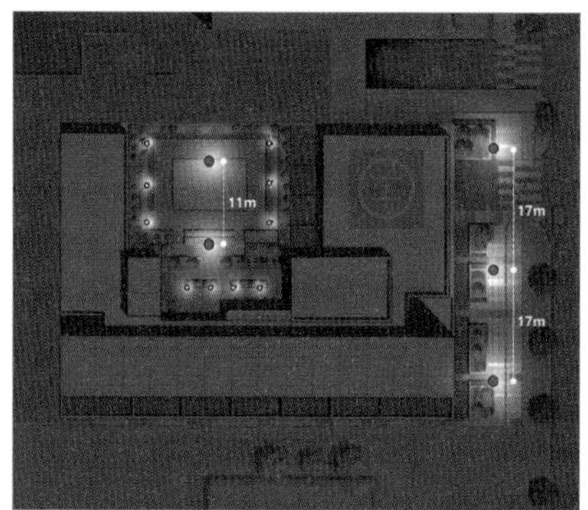

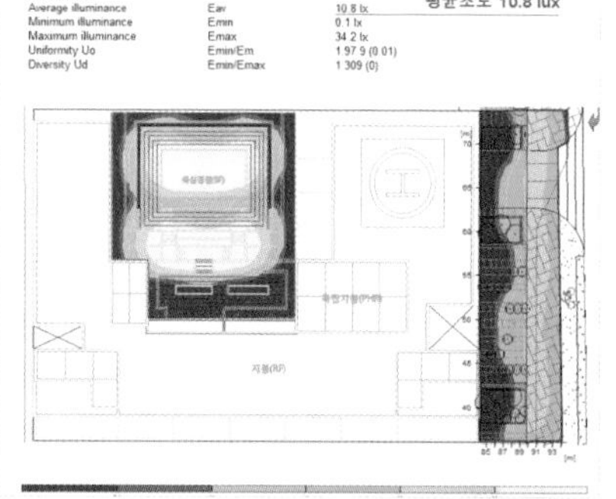

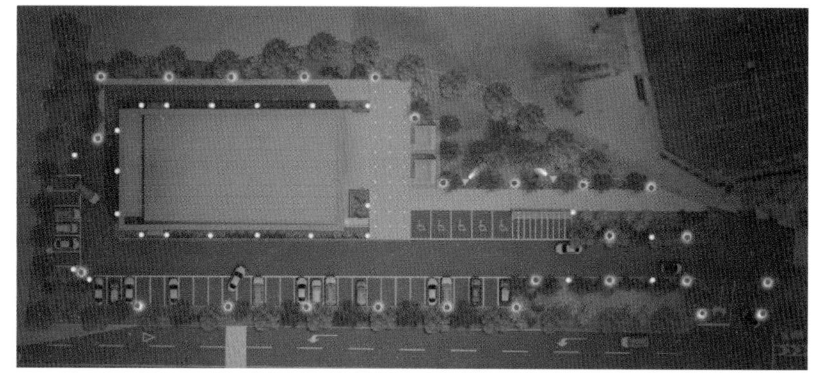

조명을 고르게 배치한다.

공원 조명 계획

공원 내에 사각지대가 발생하지 않도록 조명을 설치한다.

(반영 전) 보행로에 따로 조명이 설치되어 있지 않다.

(반영 후) 보행로에는 조명을 차로등보다 낮게 설치하여 얼굴 등을 확인할 수 있도록 한다.

아래의 '광원 높이와 배열'은 도로에 조명을 설치할 때의 기준이다. 이를 참고하면 좋을 것이다.

광원 높이와 배열

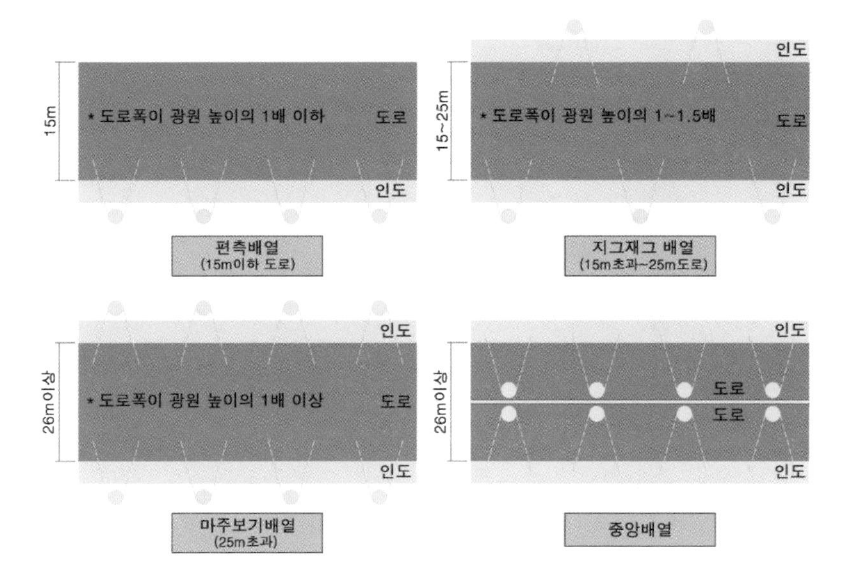

바닥면 균일한 조명 계획(출입구 인식과 인도용)

센서등 설치

계속 켜져 있는 등보다는 사람의 움직임이 있을 때 점등되는 제품을 사용하여 꼭 보지 않더라도 느낌으로 주변의 움직임을 감지할 수 있게 도움을 준다.

조도란 "일정한 면에 밝게 비춰지는 정도"라고 정의할 수 있는데, 한국산업규격에서 제시한 조도 범위는 오른쪽 표와 같다.

조도를 알기 위해서는 조도 측정기가 필요한데, 필자의 경험상 인터넷에서 쉽게 구할 수 있는 편이다. 고가·저가 제품 모두 사용해 보았는데, 아주 예민한 측정을 요하는 공간이 아니라면 저가의 제품을 사용하는 데도 큰 문제가 없었던 것 같다. 다만, 공간별로 중요도가 다르니 이는 작업자의 판단에 맡기기로 한다.

한국 산업규격 KS 3011 (참고용)

조도 분류와 일반 활동 유형에 따른 조도 값 (KS A 3011)			
활동 유형	조도 분류	조도 범위	참고
어두운 분위기 중의 시식별 작업장	A	3-4-6	공간의 전반 조명
어두운 분위기의 이용이 빈번하지 않은 장소	B	6-10-15	
어두운 분위기의 공공 장소	C	15-20-30	
잠시 동안의 단순 작업장	D	30-40-60	
시작업이 빈번하지 않은 작업장	E	60-100-150	
고휘도 대비 혹은 큰 물체 대상의 시작업 수행	F	150-200-300	작업만 조명

옥외시설 기준 조도(KS 3011)		
구 분		조도 분류
공 원	전 반	B
	주된 장소	C
정 원	길, 집 밖, 층계	B
	강조한 나무, 꽃밭, 석조 정원	D
	대초점	E
	배경-관목, 나무, 담장, 벽	C
	소초점	F
	전반 조명	A
주차장	보조 주차장	B
	중앙 주차장	C

주차장의 조명은 주차장법 시행규칙을 따르도록 한다.

2.8. 영상정보 처리기기/ 비상벨

1) 영상정보처리기기

범죄예방환경설계에서 영상정보처리기기가 차지하는 위치는 독보적이라고 할 수 있다. 물리적 방법으로 가장 현실적이며, 즉각적으로 보이고 또 판단할 수 있기 때문이다.

이러한 이유로 영상정보처리기기는 잠재적 범죄자들에게 심리적 위축감을 줄 수 있으나 영역성 강화나 접근통제처럼 직접 진입을 통제한다고 볼 수는 없다. 그보다는 영역성 강화와 접근통제를 명확하고 효율적으로 적용하고, 또 순차적으로 실시하는 시설물이라고 할 수 있다. 범죄예방 건축 기준 제2장 제4조 접근통제, 제3장 제10조 ③ 부대시설 및 복리시설, 제3장 제10조 ④ 경비실, 제3장 제10조 ⑤ 주차장, 제3장 제10조 ⑨ 승강기·복도·계단 등에서 알 수 있듯이 보행로와 출입문 등 이동과 관련된 곳에는 필수적으로 적용해야 하는 시설물이다.

감시 강화는 크게 영상정보처리기기 · 관리소 등을 통한 물리적 감시 강화와 사람의 눈을 통한 자연

* 2019년부터 'CCTV'에 대한 용어가 영상정보처리기기로 확대 변경되었다. 여기에서는 거의 유사한 기능과 의미로 사용되었다.

적 감시 강화로 나눌 수 있다. 최근에는 사물끼리 인터넷으로 연결되어 정보를 주고받는 IOT(Internet of Things, 사물인터넷)이 활성화되고 있다. 이를 이용해 1인 세대나 독거노인 세대 등과 접목한다면 좀 더 효율적인 방안이 될 것이다. 최근에는 AI 기술을 활용한 제품도 많이 나오고 있다.

국토교통부 범죄예방 건축기준 고시(영상정보처리기기)

제2장 범죄예방 공통 기준	제4조(접근통제의 기준)

① 보행로는 자연적 감시가 강화되도록 계획되어야 한다. 다만, 구역적 특성상 자연적 감시 기준을 적용하기 어려운 경우에는 영상정보처리기기, 반사경 등 자연적 감시를 대체할 수 있는 시설을 설치하여야 한다.

※ 제1항에 따른 안내판은 주·야간에 쉽게 식별할 수 있도록 계획하여야 한다.

제2장 범죄예방 공통 기준	제9조(영상정보처리기기 안내판의 설치)

① 이 기준에 따라 영상정보기기를 설치하는 경우에는 「개인정보보호법」 제25조 제4항에 따라 안내판을 설치하여야 한다.
② 제1항에 따른 안내판은 주·야간에 쉽게 식별할 수 있도록 계획하여야 한다.

제3장 건축물의 용도별 범죄예방 기준	제10조(100세대 이상 아파트에 대한 기준) – ③ 부대시설 및 복리시설

2. 어린이 놀이터는 사람의 통행이 많은 곳이나 주동 출입구 주변이나 각 세대에서 조망할 수 있는 곳에 배치하고, 주변에 경비실을 설치하거나 영상정보처리기기를 설치하여야 한다.

제3장 건축물의 용도별 범죄예방 기준	제10조(100세대 이상 아파트에 대한 기준) – ④ 경비실

3. 경비실 또는 관리사무소에 고립지역을 상시 관망할 수 있는 영싱정보처리기기를 설치하여야 한다.

제3장 건축물의 용도별 범죄예방 기준	제10조(100세대 아파트에 대한 기준) – ⑤ 주차장

2. 주차장 내부 감시를 위한 영상정보처리기기 및 조명은 「주차장법 시행규칙」에 따른다.
3. 차로와 통로 및 동(棟) 출입구의 기둥 또는 벽에는 경비실 또는 관리사무소와 연결된 비상벨을 25미터 이내마다 설치하고, 비상벨을 설치한 기둥(벽)의 도색을 차별화하여 시각적으로 명확하게 인지될 수 있도록 하여야 한다. ※ '주차장'에서 설명

제3장 건축물의 용도별 범죄예방기준	제10조(100세대 이상 아파트에 대한 기준) – ⑨ 승강기·복도 및 계단

⑨ 승강기·복도 및 계단 등은 다음 각 호와 같이 계획하여야 한다.
1. 지하층(주차장과 연결된 경우에 한한다) 및 1층 승강장, 옥상 출입구, 승강기 내부에는 영상정보처리기기를 설치하여야 한다.
2. 계단실에는 외부 공간에서 자연적 감시가 가능하도록 창호를 설치하고, 계단실에 영상정보처리기기를 1개소 이상 설치하여야 한다. ※'승강장·복도·계단'에서 설명

제3장 건축물의 용도별 범죄예방 기준	제13조(일용품 소매점에 대한 기준)

③ 출입구 및 카운터 주변에 영상정보처리기기를 설치하여야 한다.

제3장 건축물의 용도별 범죄예방 기준	제14조(다중생활시설에 대한 기준)

② 건축물의 출입구에 영상정보처리기기를 설치하여야 한다.

다음은 CCTV(영상정보처리기기) 및 비상벨을 설치하기 전에 반드시 점검해야 할 주요 체크 리스트다.

폐쇄회로 텔레비전(영상정보처리기기) 및 비상벨 주요 체크 리스트	반영 여부
① 가능한 한 사각지대가 생기지 않도록 하고, 만약 사각지대가 생길 경우 영상정보처리기기와 비상벨, 반사경을 설치한다.	
② 출입자의 신상과 상황을 파악할 수 있도록 방향을 적정하게 조절한다.	
③ 공간의 특성(출입구, 승강기, 지하, 공원, 보육시설, 주민센터 등)을 파악하여 영상정보처리기기의 제품 사양(화소, 화각, 주·야간 등)을 선택한다.	
④ 유지관리 방안을 고려한다(연관 장비, 프로그램, 인력 등).	

현재 대부분의 건물이 관리사무소나 CCTV를 통해 출입구를 드나드는 내·외부인의 움직임을 살피고 있다. 그런데 CCTV가 널리 보급되면서 이를 맹신하는 경향이 있다. 그러나 CCTV는 24시간 감시할 수 있는 인적·프로그램적 인프라가 완벽하지 않은 이상(완벽하기 위해서는 프로그램 완성도를 높여야 하는데, 그러려면 막대한 비용이 든다) 현실적으로 완벽한 감시는 어렵다. 분

명한 점은 성능이 우수한 CCTV 등의 감시 시스템은 '일이 벌어진 후'에는 좋은 증거나 참고자료를 제공할 수 있다는 사실이다. 즉, CCTV는 셉테드적 관점에서 잠재적 범죄자의 범죄 심리를 위축시킬 수 있다.

하지만 범죄예방적 관점에서 본다면 지금과 같은 상황은 개선할 필요가 있다. 접근통제처럼 문제를 근본적으로 해결할 수 있는 방식이라고 할 수 없기 때문이다. 최근에 많이 권장되며 사용되고 있는 지능형 영상정보처리기기도 원하는 사양으로 쓰기에는 해결해야 할 과제가 많다.

CCTV는 다양한 기능을 갖춘 제품들이 있으므로 이에 대한 기본 지식을 알고 사용하는 것이 중요하다. 먼저 CCTV란 무엇이며, 어떤 기능을 갖고 있는지 알아보기로 하자.

- CCTV는 'Closed Circuit Television'의 약자로 폐쇄회로 텔레비전을 말한다. 특정 건물이나 시설물에서 '특정 수신자'를 대상으로 유선 또는 특수 무선 전송로를 이용해 화상을 전송하는 시스템이다. 산업용, 교육용, 의료용, 교통관제용 감시, 방재용 및 사내의 화상 정보 전달용 등 쓰임새가 매우 다양하다. 일반 텔레비전 방송과 달리 CCTV 신호는 동축케이블, 마이크로 웨이브 링크, 또는 제어 접근이 가능한 다른 전송 매체로만 전송되기 때문에 일반 대중은 임의로 수신할 수가 없다.
- CCTV란 폐쇄회로 TV를 말하는 것으로 정지 또는 이동하는 사물의 순간적 영상 및 이에 따르는 음성, 음향 등을 특정인이 수신할 수 있는 장치를 말한다. 일명 '영상정보처리기기'라고도 한다.
- CCTV 설치 목적별 분류로는 방범, 교통정보 수집, 신호위반·과속·주정차 단속, 시설물 관리, 쓰레기 투기 감시, 재난·화재 관리, 공항·항만·기차·지하철 관리 등으로 구분할 수 있다.
- CCTV는 충분한 관리 인력과 완벽한 프로그램을 접목시키지 않는 이상 24시간 빈틈없이 모니터링하는 것이 거의 불가능하다. 그리고 최근에 많이 권장되어 사용되고 있는 지능형 CCTV도 원하는 사양으로 쓰이기에는 해결해야 할 과제가 많다.

CCTV 카메라와 네트워크 카메라

구분	개 요	비고
CCTV	촬영된 영상을 동축케이블을 통해 전송하고 비디오테이프나 DVR에 저장할 수 있게 하는 카메라	동축망 기반
네크워크 카메라	네트워크 모듈이 삽입되어 IP 주소를 할당받을 수 있고, 촬영된 영상을 IP 네트워크망을 통해 전송하고 DVR이나 비디오 서버에 저장할 수 있게 하는 카메라	인터넷망 기반

- CCTV는 화각·화질에 따라 필요한 저장 용량이 다르므로 전문가의 도움을 받아 공간에 적합한 제품을 접목시키도록 한다.
- CCTV 사양을 정확하게 알고 사용하는 것이 중요하다. 이를 위해서는 옥내용·옥외용, 화소(화질), 화각 등에 대한 기본 지식이 필요하다. 전문가의 도움을 받더라도 설치자 스스로 기본 지식은 갖고 있어야 한다.
- 화각은 화질과도 연관이 있다. 화질이 높아도 화각을 넓게 잡을 경우 사물의 형태가 흐려진다. 즉, 화질 좋은 카메라로 멀리 있는 사물을 찍었다고 보면 된다.

CCTV 제품 특성에 대한 이해

1. 화질(해상도) : 100만 ~200만 화소 권장

※ 화질(해상도)이 좋으려면 대체로 화소 수가 높고 저장 장비가 대용량이어야 한다. 따라서 예산과 저장 기간 등을 고려해 제품을 선택한다.

2. 옥내·외용 구분 : 옥내·외 구분 권장

※ 간혹 옥내·외용을 구분하지 않고 설치하여 효율성을 떨어트리는 경우가 있다.

3. 화각(감시 반경, 즉 각도) : 45~180도 권장

※ 화각은 360도 가능하나, 하나의 360도 제품은 비치고 있는 다른 면은 짧은 시간이지만 촬영이 어렵고, 여러 개의 카메라를 조립해 만드는 360도형은 제품의 특성을 잘 이해해야 가능한 제품이므로 신중히 선택한다.

CCTV 카메라 제품 유형별 분류(형태별·기능별·조도별)

형태별 CCTV 카메라 종류	기능별 CCTV 카메라 종류	조도별 CCTV 카메라 종류
스탠더드 카메라	팬/틸트/줌 카메라	저조도 카메라
돔 카메라	스피드돔 카메라	적외선 카메라
	줌일체형 카메라	

CCTV 카메라 형태별 기능

유 형	형 태	내 용
박스형 카메라		· 카메라 하우징을 부착시켜 옥외에서도 사용이 가능하다. · 렌즈를 바꿀 수 있기 때문에 사용 희망의 용도에 따라 광각에서 망원까지 대응이 가능하다.
돔형 카메라		· 방범 카메라의 렌즈 부분이 커버에 의하여 설치 유무 확인이 다소 어렵다. · 기본적으로 실내 전용이지만 종류에 따라서는 처마 및 등에 설치가 가능한 방수 타입도 있다. · 최근에는 스마트폰으로도 360도 회전 컨트롤이 가능하다.
박스형 카메라 (바렛형)		· 하우징, 브라켓 장착형으로 카메라와 일체형으로 되어 있다. · 일반적인 박스형이나 돔형보다 24시간 동안 비·바람·먼지에 대한 내구성을 갖고 있고, 계절별 온도 변화에도 견디는 구조이다. · 야간에도 적외선 LED 투광을 통해 촬영이 가능하다.

영상정보처리기기 유지보수 점검표

시설명	점검 기기	점검 확인 내용	점검 결과
네트워크	전송 장비	장비의 LED 점멸 상태	
	네트워크 속도	장비의 LED 점멸 상태	
	영상 표출	회전형 카메라 영상 확인 감지용 카메라 영상 확인 카메라 제어 확인 카메라 현장 저장 확인	
	네트워크 상대	네트워크 그래픽 상태 확인	
	운영 S/W	운영 프로그램 정상 가동	
	PC H/W	운영 PC의 이상 유무 바이러스 체크 및 치료	
	방송 송출	비상 인터폰 작동 유무 방송 송출 시 현장에서 음성 확인	
모니터	LCD/PDP	각 모니터 정상 가동 영상정보처리기기 영상 확인 및 모니터 불양화소 확인	
센터 시스템	서버 및 스토리지	각 장비 상태 정상 가동 점검	
영상정보처리 기기 현장 설비	카메라	각 카메라 출력 영상 신호 점검 렌즈 및 하우징 청소 모터, 체인 상태 확인 및 청소 Fan/Heater 동장 상태 점검	
	현장장비부	통신 상태 점검 및 조정 영상 비디오 서버 통신 상태 이상 유무 확인 함체 내부 각종 컨넥터, Fan 동장 상태 확인 영상 상태 확인(모니터)	
	부대시설	각종 케이블 상태 확인 및 정리 옥외함체 청소 접지 저항 측정	
	구조물부	함체 및 하부 구조물 상태 확인 및 청소 외관 상태 확인(너트, 볼트, 피뢰침, 사다리) 영상정보처리기기 표지판 상태 확인	

- CCTV에서는 화각(감시 반경, 즉 각도), 화질(해상도) 등이 중요하다. 또한 옥내용과 옥외용을 구분하여 설치하는 것이 중요하다. 물론 설치 시 전문업체의 제품을 이용하기 때문에 전문가의 도움을 받을 수는 있으나, 기본적인 내용을 숙지하는 것도 필요하다.

최근에는 IOT(Internet of Things, 사물인터넷)를 이용한 제품이 많이 나오고 꾸준히 개발되고 있으므로 이를 이용하는 것도 좋은 방법이다. IOT 관련 제품들은 집 안팎의 상황과 일부 전자제품의 온·오프 및 일부 기능을 통제하고 실행할 수 있다. 최근 급증하는 1인 세대 및 독거노인 세대를 중심으로 개인의 사생활이 침해받지 않은 범위에서 적극 활용하는 것을 검토한다. 단, 해당 공간에 인터넷을 반드시 설치해야 하는 조건이므로 인터넷을 사용하지 않는 경우 비용 부담이 생길 수 있다는 점을 감안하여 검토하도록 한다.

- 영상정보처리기기 설치, 성능, 관리, 운영 등 전 과정에 대한 체계적인 유지관리가 필요하다.
- 영상 판독이 가능한 화소로 설치하되, 어둡고 근거리 감시인 경우에는 적외선 LED 카메라, 어둡고 원거리인 경우에는 저조도 카메라를 설치한다.
- 방범용 CCTV는 범죄 취약 공간을 중심으로 감시 효율성을 고려하여 설치하며, 주요 지점에는 야간 감시를 고려한 영상정보처리기기를 설치한다.
- 가로등, 가로수, 건축물에 부착된 돌출물 등으로 인해 가시 범위가 축소되지 않도록 설치한다.

건물 모서리나 사각지대가 생길 경우

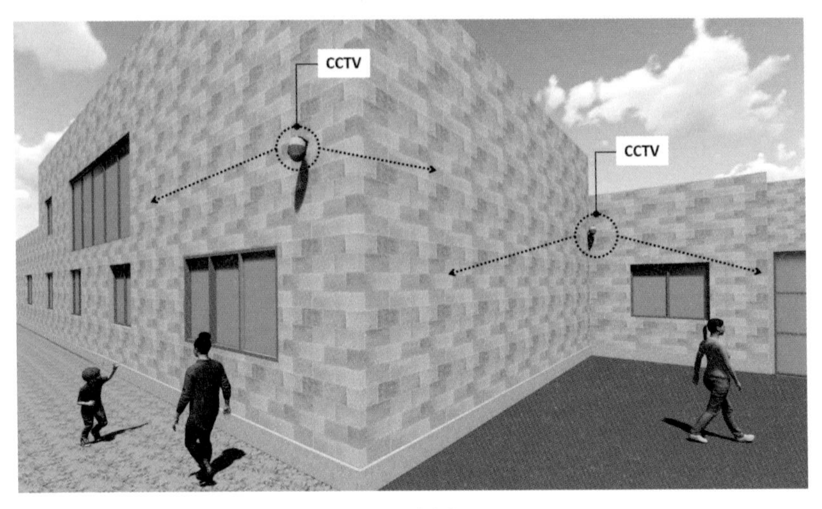

사각지대가 생기지 않도록 영상정보처리기기를 설치한다.

영상정보처리기기를 설치한 곳은 '개인정보보호법 제25조(영상정보처리기기의 설치·운영 제한)를 준수하여야 하며, 제24조(안내판 설치 등)에 의해 영상정보처리기기를 설치·운영하는 자(이하 "영상정보처리기기운영자"라 한다)는 영상정보처리기기가 설치·처리되고 있음을 정보 주체가 쉽게 알아볼 수 있도록 법 제25조 제4항 본문에 따라 다음 각 호의 사항이 포함된 안내판을 설치하여야 한다.

개인정보보호법 제25조

제25조(영상정보처리기기의 설치·운영 제한)

① 누구든지 다음 각 호의 경우를 제외하고는 공개된 장소에 영상정보처리기기를 설치·운영하여서는 아니 된다.

1. 법령에서 구체적으로 허용하고 있는 경우
2. 범죄의 예방 및 수사를 위하여 필요한 경우
3. 시설 안전 및 화재 예방을 위하여 필요한 경우
4. 교통단속을 위하여 필요한 경우
5. 교통정보의 수집·분석·및 제공을 위하여 필요한 경우

② 누구든지 불특정다수가 이용하는 목욕실, 화장실, 발한실(發汗室), 탈의실 등 개인의 사생활을 현저히 침해할 우려가 있는 장소의 내부를 볼 수 있도록 영상정보처리기기를 설치·운영하여서는 아니 된다. 다만, 교도소, 정신보건시설 등 법령에 근거하여 사람을 구금하거나 보호하는 시설로서 대통령령으로 정하는 시설에 대하여는 그러하지 아니한다.

③ 제1항 각 호에 따라 영상정보처리기기를 설치·운영하려는 공공기관의 장과 제2항 단서에 따라 영상정보처리기기를 설치·운영하려는 자는 공청회·설명회의 개최 등 대통령령으로 정하는 절차를 거쳐 관계 전문가 및 이해 관계인의 의견을 수렴하여야 한다.

④ 제1항 각 호에 따라 영상정보처리기기를 설치·운영하는 자(이하 "영상정보처리기기 운영자"라 한다)는 정보 주체가 쉽게 인식할 수 있도록 대통령령으로 정하는 바에 따라 안내판 설치 등 필요한 조치를 하여야 한다. 다만, 「군사기지 및 군사시설 보호법」 제2조제2호에 따른 군사시설, 「통합방위법」 제2조제13호에 따른 국가중요시설, 그 밖에 대통령령으로 정하는 시설에 대하여는 그러하지 아니한다. <개정 2016. 3. 29.>

1. 설치 목적 및 장소
2. 촬영 범위 및 시간
3. 관리책임자 성명 및 연락처
4. 그 밖에 대통령령으로 정하는 사항

⑤ 영상정보처리기기 운영자는 영상정보처리기기의 설치 목적과 다른 목적으로 영상정보처리기기를 임의로 조작하거나 다른 곳을 비춰서는 아니 되며, 녹음 기능은 사용할 수 없다.

⑥ 영상정보처리기기 운영자는 개인정보가 분실·도난·유출·변조 또는 훼손되지 아니하도록 제29조에 따라 안전성 확보에 필요한 조치를 하여야 한다.

⑦ 영상정보처리기기 운영자는 대통령령으로 정하는 바에 따라 영상정보처리기기 운영·관리 방침을 마련하여야 한다. 이 경우 제30조에 따른 개인정보 처리 방침을 정하지 아니할 수 있다.

⑧ 영상정보처리기기 운영자는 영상정보처리기기의 설치 · 운영에 관한 사무를 위탁할 수 있다. 다만, 공공기관이 영상정보처리기기 설치 · 운영에 관한 사무를 위탁하는 경우에는 대통령령으로 정하는 절차 및 요건에 따라야 한다.

개인정보보호법 시행령 제24조(안내판 설치 등)에 따른 안내문

① 설치 목적 및 장소
② 촬영 범위 및 시간
③ 관리책임자의 성명 및 연락처

영상정보처리기기 안내문

CCTV 설치안내

CCTV
감시카메라 작동중

- 설치목적 : 건물 내 · 외 보안 및 화재예방
- 설치장소 : 시립도서관, 국민체육센터, 주차장
- 촬영범위 : 건물 내 · 외 주요통행로 및 주차장
- 촬영시간 : 24시간 연속 촬영 / 녹화
- 관리책임자 : 가나다라마바사아자차
  ☎(000)-000-0000

적합한 용도와 용량을 고려한 장비 계획

방송 및 보안장비 설비 사례

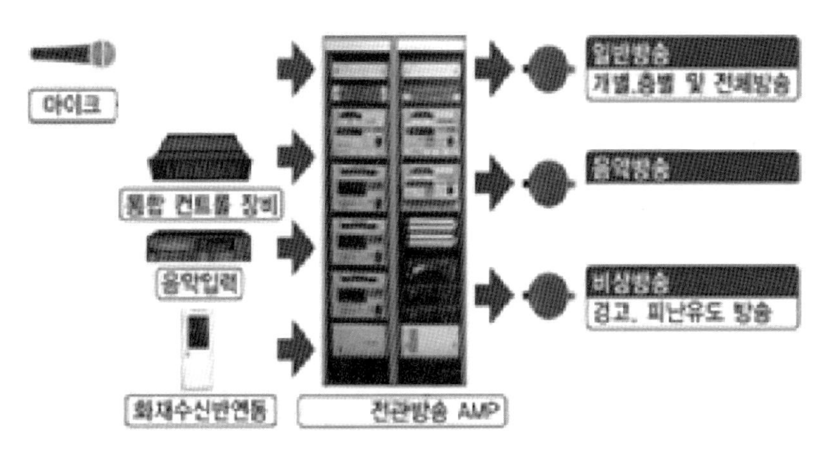

예) 건물 전체가 사용 가능한 충분한 용량 확보.
　구역별·기능별 건물 내 공지 방송과 비상 방송이 가능하도록 구성
　배선은 2선식으로 층별 선택 방송이 가능한 시스템
　* 위에 제시된 이미지는 위의 모든 사항을 충족한 내용의 이미지가 아니며, 이해를 돕기 위해 제시한 것이다.

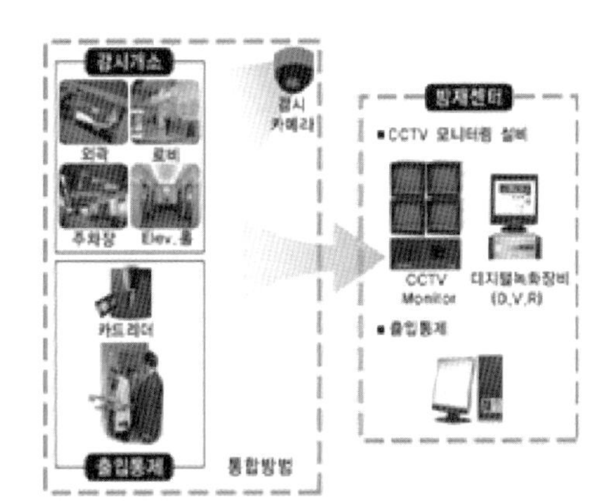

(CCTV 및 출입통제)

예) 주차장, 공동로비 및 보안상 요구되는 장소에 영상정보처리기기설치
　※ 물리적(기계적)감시는 장비사양의 내용이 늘 변한다. 여기에 제시하는 이미지는 참고용으로만 사용한다.

2) 비상벨

국토교통부 범죄예방 건축기준 고시(비상벨)

제3장 건축물의 용도별 범죄예방 기준	제10조(100세대 이상 아파트에 대한 기준) – ⑤ 주차장
3. 차로와 통로 및 동(棟) 출입구의 기둥 또는 벽에는 경비실 또는 관리사무소와 연결된 비상벨을 25미터 이내마다 설치하고, 비상벨을 설치한 기둥(벽)의 도색을 차별화하여 시각적으로 명확하게 인지될 수 있도록 하여야 한다.	

비상벨은 위험한 상황이 발생했을 때 도움을 요청할 수 있는 수단이다. 따라서 비상벨은 상시 근무하는 경비실 또는 관리실과 연결되어 필요할 때 도움을 받을 수 있어야 한다. 그럼에도 간혹 연결되어 있지 않은 경우가 있다. 주차장이나 창고 등 외진 곳에는 반드시 비상벨을 설치하여 만일의 위험에 대비해야 한다.

비상벨 설치 장소

비상벨이 설치되어 있는 공간이나 기둥은 가시성이 높도록 색이나 설치물을 달리하여 쉽게 찾을 수 있도록 한다.

3) AI 기술의 진화와 도입

이 내용은 출입통제에서 다루어야 하는 부분일 수도 있으나, 영상정보 처리기기와 연관된 기기 및 프로그램으로 분류하여 여기에서 설명하고자 한다.

기존의 열쇠나 카드, 터치패드 방식 등의 출입통제뿐만 아니라 AI 기술의 발달로 지문이나 안면인식 등의 방식이 점차 보편화되고 있다. 지문이나 안면인식 방식은 단순히 출입통제만을 위한 것이 아니라, 출퇴근을 확인하려는 용도로도 사용되고 있다.

AI 방식은 열쇠나 카드 등의 분실로 인한 사고를 방지하고 출입통제를 좀 더 강화할 수 있다는 장점이 있으나, 개인정보를 상세히 등록해야 하고 만약의 경우 개인 정보가 유출될 수 있다는 단점이 있다. 그러나 스마트폰의 진화와 각종 기기의 도입 및 진화로 마냥 부정적인 잣대를 댈 수는 없는 상황이다.

안면인식 기술

출입관리
직원 및 방문자별로
시간별·장소별 관리

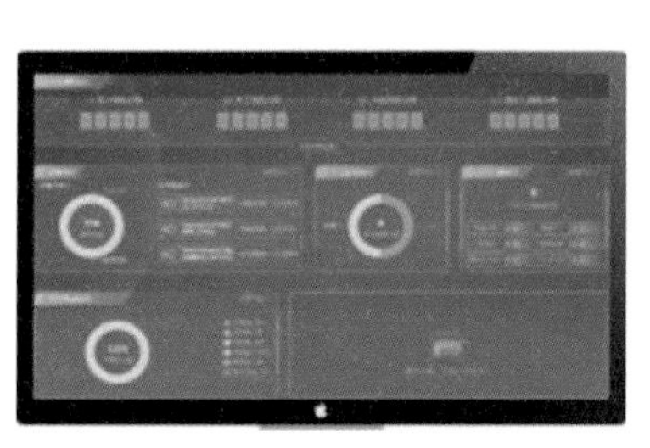

근태관리
출입 이력으로 정확한 근태관리 기능 지원

Door/Gate 모드 설정
인식 거리 및 문 열림 속도 등
현실 상황에 맞는 설정 가능

2.9. 승강기/복도/ 계단/건물 외벽/옥상

마지막으로 범죄예방환경설계를 할 때 주의를 기울여야 할 곳이 있다. 승강기, 복도, 계단, 옥상, 건물 외벽 등이다.

국토교통부 범죄예방 고시(승강기/복도/계단/옥상/건물 외벽)

제2장 범죄예방 공통 기준	제4조(접근통제의 기준)

③ 건축물의 외벽에 범죄자의 침입을 용이하게 하는 하는 시설은 설치하지 않아야 한다.

제3장 건축물의 용도별 범죄예방 기준	제10조(100세대 이상 아파트에 대한 기준) – ⑨ 승강기·복도 및 계단

⑨ 승강기·복도 및 계단 등은 다음 각 호와 같이 계획하여야 한다.

1. 지하층(주차장과 연결된 경우에 한한다) 및 1층 승강장, 옥상 출입구, 승강기 내부에는 영상정보처리기기를 설치하여야 한다.
2. 계단실에는 외부 공간에서 자연적 감시가 가능하도록 창호를 설치하고, 계단실에 영상정보처리기기를 1개소 이상 설치하여야 한다.

⑩ 건축물의 외벽은 침입에 이용될 수 있는 요소가 최소화되도록 계획하고, 외벽에 수직 배관이나 냉난방 설비 등을 설치하는 경우에는 지표면에서 지상 2층으로 또는 옥상에서 최상층으로 배관 등을 타고 오르거나 내려올 수 없는 구조로 하여야 한다.

⑪ 건축물의 측면이나 뒷면, 정원, 사각지대 및 주차장에는 사물을 식별할 수 있는 적정한 조명을 설치하되, 여건상 불가피한 경우 반사경 등 대체 시설을 설치하여야 한다.

⑫ 전기, 가스, 수도 등 검침용 기기는 세대 외부에 설치한다. 다만, 외부에서 사용량을 검침할 수 있는 경우에는 그러하지 않는다.

제3장 건축물의 용도별 범죄예방 기준	제11조(다가구주택, 다세대주택, 연립주택, 100세대 미만의 아파트, 오피스텔 등에 관한 사항)

4. 건축물의 외벽은 침입에 이용될 수 있는 요소가 최소화되도록 계획하고, 외벽에 수직 배관이나 냉난방 설비 등을 설치하는 경우에는 지표면에서 지상 2층으로 또는 옥상에서 최상층으로 배관 등을 타고 오르거나 내려올 수 없는 구조로 하여야 한다.
5. 건축물의 측면이나 뒷면, 출입문, 정원, 사각지대 및 주차장에는 사물을 식별할 수 있는 적정한 조명 또는 반사경을 설치한다.
6. 전기·가스·수도 등 검침용 기기는 세대 외부에 설치하는 것을 권장한다. 다만, 외부에서 사용량을 검침할 수 있는 경우에는 그러하지 아니한다.
10. 계단실에는 외부 공간에는 자연적 감시가 가능하도록 창호 설치를 권장한다.

승강기(엘리베이터)/복도/계단/옥상 주요 체크리스트	반영 여부
① 승강기는 출입구에서 잘 보이는 곳에 위치하도록 한다.	
② 승강기 내부에는 영상정보처리기기와 비상벨, 인터폰 등을 설치하고, 사면 거울을 설치하여 동승자의 행동을 자연스럽게 인지할 수 있도록 한다.	
③ 비상시 조명이 들어오도록 한다.	
④ 편복도 방향 창문에는 방범창, 시건장치, 방범감지기, 강화유리 등으로 외부인의 침입에 대비한다.	
⑤ 공동복도나 공동계단에서 각 세대의 발코니 등에 접근하거나 침입하기 어려운 거리 및 구조로 계획한다.	
⑥ 방범창 및 안전장치는 일정한 침입 방어 성능을 갖춘 인증 제품을 설치하고, 화재 발생 시를 대비하여 밖으로 열릴 수 있는 구조로 설치한다.	
⑦ 계단, 옥상 등에는 주변에서 움직이는 사람을 인식할 수 있도록 동작 감지등을 설치한다.	
⑧ 옥상으로 연결되는 공간 및 출입문에 출입통제 시설을 설치하고 관리 매뉴얼을 만들어 시행하도록 한다.	
⑨ 옥상으로 연결되는 공간 및 출입문에 CCTV와 응급전화를 설치한다. 자동잠금장치를 설치할 것을 권장하며, 화재 발생 시 대응하기 위하여 응급 시 자동풀림장치가 작동할 수 있도록 한다.	
⑩ 자연감시 기능을 높일 수 있는 투명문, 투명창 등으로 설계한다.	
⑪ 주택 외부에 가능한 한 전기·가스·수도 등 연결관 및 검침 시설을 설치하지 않으며, 만약 부득이 설치해야 할 경우 침입 방지 시설을 같이 설치해 준다.	

1) 승강기

승강기는 범죄 행위가 비교적 자주 일어나는 공간이라고 할 수 있다. 여기서 범행이 일어난다면 일시적으로 갇힌 상태여서 방어 능력이 떨어질 수 있다. 또한 대부분 2단계 출입구 이후에 있는 공간이므로 한적한 경우가 많아 도움을 요청하기 어려울 때가 많다. 따라서 이를 감안하여 공간을 설계해야 한다.

승강기 범죄 예방 방안

범죄를 예방하기 위해 투시형 출입문을 설치하거나 인터폰 및 비상벨을 설치한다.

2) 건물 외벽/배관/골목길

건축물의 유형은 다양하다. 저층 구조와 고층 구조, 소형과 중·대형, 주거 시설과 상업 시설 등 구조와 용도가 다양하다. 이러한 건축물은 각각의 영역으로 인해 경계부가 생기는데, 이러한 경계부를 어떻게 효율적으로 관리하느냐가 중요하다.

골목길이나 건물과 건물 사이는 영역성과 연관이 깊다. 경계부에 영역 표시가 없을 경우에는 영역성이 모호해질 수 있다. 특히 외부인이 출입할 수 있는 구조일 경우, 관리하는 데 어려움을 겪을 수 있다. 영역성이 모호하고 관리에 어려움이 있어 방치될 경우, 골목길은 범죄가 쉽게 발생하는 곳이 된다.

특히 단독주택, 다가구주택, 연립주택 등이 밀집된 주거환경관리사업 구역은 기본적으로 도시 기반시설이 부족하고, 관리비 문제로 경비실(관리실·보안실)을 두지 못하는 경우도 많다. 또한 가로 구조와 영역 관계가 복잡하여 범죄예방 측면에서 자연감시 및 외부인의 접근을 통제하기 어려운 구조적인 문제를 내포하고 있다. 단독주택이나 다가구주택, 연립주택 단지에 있는 골목길은 건물과 건물 사이에 거리를 두어야 한다는 규정과 보행로를 확보하기 위해 생겨난 경우가 대부분이다.

소규모 공동주택은 가스 배관이나 그 밖의 배관 시설이 노출되어 있는 경우가 많다. 이는 범죄자들이 침입할 때 자주 이용하는 도구이다. 이를 막기 위해서는 침입자가 잡고 올라가기 힘들게 원형 형태의 배관 덮개를 설치하는 것이 좋다. 그러나 가장 바람직한 것은 입구나 창 주변에 배관을 아예 설치하지 않는 것이다.

건물 외벽/배관 설치/골목길 주요 체크 리스트	반영 여부
① 외벽에 설비 시설을 설치하고자 하는 경우에는 창문 등 개구부에서 일정 거리를 이격하여 옥외 배관을 타고 오를 수 없는 구조로 한다.	
② 저층 세대(1~3층) 창문에는 방범 성능이 확보된 창문(강화유리, 침입경보기, 기타 잠금장치 등) 보완 장치를 설치한다.	
③ 건물 벽과 건물 벽이 맞닿는 협소한 통행로에는 조명을 설치하거나 출입 시간을 통제하도록 한다.	
④ 건축물과 건축물 사이에 형성되는 이격 공간에는 외부인 출입통제 시설을 설치한다. 출입통제 시설을 설치할 때 투시형 소재를 사용하여 자연적 감시가 가능하고 방치되는 시설물이 없도록 계획한다.	

빌라 배관 설치 요령

접근통제 및 영역성 강화(골목길 개선 전과 개선 후)

▶

문이 없을 때는 하교 시간과 저녁 시간에 청소년들의 흡연 장소로 자주 이용되었다.

■ 골목길에 주민들이 자주 이용할 수 있는 공간을 배치하여 지역주민들의 상호 교류 장소로 쓰이도록 한다.

■ 공적인 장소와 장소 간 공간의 위계를 명확히 계획하여 공간의 성격을 명확하게 인지할 수 있도록 설계한다.

■ 어두운 곳에 가로등·비상벨·반사경을 활용한 시설물을 설치해 주는 것도 위험 요소를 줄일 수 있는 방안이다.

응급 시 자동풀림장치가 작동할 수 있도록 한다.

3) 옥상

■ 옥상으로 연결되는 공간이나 출입문에 출입통제시설을 설치하고 관리 매뉴얼을 만들어 시행한다.

■ 옥상으로 연결되는 공간 및 출입문에 영상정보처리기기와 응급전화를 설치한다. 자동잠금장치 설치를 권장하며, 화재 발생 시 신속하게 대응할 수 있도록 자동풀림장치가 작동할 수 있게 한다.

2.10. 안내판 외

안내판과 관련된 내용은 영역성 강화, 명료화와 연관이 깊다. 이 중 명료성 강화는 공간과 시설을 쉽게 알아보고 이용할 수 있도록 계획하는 것이다. 공간과 시설을 쉽게 인식하기 위해서는 공간의 흐름을 방해하는 동선이나 시설물 계획을 지양하고 안내판이나 그 밖의 인식이 용이한 구조물 · 색상 등을 사용하여 차별화한다.

안내판 주요 체크리스트	반영 여부
① 안내판은 이해하기 쉽게 문구를 작성하고 명료한 색상과 픽토그램, 폰트를 사용하여 눈에 잘 띄게 한다.	
② 관리하기 용이한 소재로 제작하고, 야간에도 이용되는 공간에는 조명을 설치한다.	
③ 외국인이 이용할 가능성이 있는 경우에는 외국어를 병기한다.	
④ 긴급전화·비상벨·영상정보처리기기 등 각종 보안시설의 위치 정보를 기재한다.	

사인 시스템

픽토그램과 다국어를 사용한 안내판

부록 3장

① 범죄예방 건축기준 고시

[시행 2019. 7. 31.] [국토교통부고시 제2019-394호, 2019. 7. 24., 일부개정.]

제1장 총 칙

제1조(목적) 이 기준은 「건축법」 제53조의 2 및 「건축법 시행령」 제61조의 3에 따라 범죄를 예방하고 안전한 생활환경을 조성하기 위하여 건축물, 건축설비 및 대지에 대한 범죄예방 기준을 정함을 목적으로 한다.

제2조(용어의 정의) 이 기준에서 사용하는 용어의 정의는 다음과 같다.

1. "자연적 감시"란 도로 등 공공 공간에 대하여 시각적인 접근과 노출이 최대화되도록 건축물의 배치, 조경, 조명 등을 통하여 감시를 강화하는 것을 말한다.
2. "접근통제"란 출입문, 담장, 울타리, 조경, 안내판, 방범시설 등(이하 "접근통제시설"이라 한다)을 설치하여 외부인의 진·출입을 통제하는 것을 말한다.
3. "영역성 확보"란 공간 배치와 시설물 설치를 통해 공적 공간과 사적 공간의 소유권 및 관리와 책임 범위를 명확히 하는 것을 말한다.
4. "활동의 활성화"란 일정한 지역에 대한 자연적 감시를 강화하기 위하여 대상 공간 이용을 활성화시킬 수 있는 시설물 및 공간 계획을 하는 것을 말한다.
5. "건축주"란 「건축법」 제2조 제1항 제12호에 따른 건축주를 말한다.
6. "설계자"란 「건축법」 제2조 제1항 제13호에 따른 설계자를 말한다.

제3조(적용 대상)

① 이 기준을 적용하여야 하는 건축물은 다음 각 호의 어느 하나에 해당하는 건축물을 말한다.

1. 「건축법 시행령」(이하 "영"이라 한다) 별표 1 제2호의 공동주택(다세대주택, 연립주택, 아파트)
2. 영 별표 1 제3호 가목의 제1종 근린생활시설(일용품 판매점)
3. 영 별표 1 제4호 거목의 제2종 근린생활시설(다중생활시설)
4. 영 별표 1 제5호의 문화 및 집회시설(동·식물원을 제외한다)
5. 영 별표 1 제10호의 교육연구시설(연구소, 도서관을 제외한다.)
6. 영 별표 1 제11호의 노유자시설

7. 영 별표 1 제12호의 수련시설
8. 영 별표 1 제14호 나목2)의 업무시설(오피스텔)
9. 영 별표 1 제15호 다목의 숙박시설(다중생활시설)
10. 영 별표 1 제1호의 단독주택(다가구주택)

제2장 범죄예방 공통 기준

제4조(접근통제의 기준)

① 보행로는 자연적 감시가 강화되도록 계획되어야 한다. 다만, 구역적 특성상 자연적 감시 기준을 적용하기 어려운 경우에는 영상정보처리기기, 반사경 등 자연적 감시를 대체할 수 있는 시설을 설치하여야 한다.
② 대지 및 건축물의 출입구는 접근통제시설을 설치하여 자연적으로 통제하고, 경계 부분을 인지할 수 있도록 하여야 한다.
③ 건축물의 외벽에 범죄자의 침입을 용이하게 하는 시설은 설치하지 않아야 한다.

제5조(영역성 확보의 기준)

① 공적(公的) 공간과 사적(私的) 공간의 위계(位階)를 명확하게 인지할 수 있도록 설계하여야 한다.
② 공간의 경계 부분은 바닥에 단(段)을 두거나 바닥의 재료나 색채를 달리하거나 공간 구분을 명확하게 인지할 수 있도록 안내판, 보도, 담장 등을 설치하여야 한다.

제6조(활동의 활성화 기준)

① 외부 공간에 설치하는 운동시설, 휴게시설, 놀이터 등의 시설(이하 "외부시설"이라 한다)은 상호 연계하여 이용할 수 있도록 계획하여야 한다.
② 지역 공동체(커뮤니티)가 증진되도록 지역 특성에 맞는 적정한 외부시설을 선정하여 배치하여야 한다.

제7조(조경 기준)

① 수목은 사각지대나 고립지대가 발생하지 않도록 식재하여야 한다.
② 건축물과 일정한 거리를 두고 수목을 식재하여 창문을 가리거나 나무를 타고 건축물 내부로 범죄자가 침입할 수 없도록 하여야 한다.

제8조(조명 기준)

① 출입구, 대지 경계로부터 건축물 출입구까지 이르는 진입로 및 표지판에는 충분한 조명시설을 계획하여야 한다.

② 보행자의 통행이 많은 구역은 사물의 식별이 쉽도록 적정하게 조명을 설치하여야 한다.

③ 조명은 색채의 표현과 구분이 가능한 것을 사용해야 하며, 빛이 제공되는 범위와 각도를 조정하여 눈부심 현상을 줄여야 한다.

제9조(영상정보처리기기 안내판의 설치)

① 이 기준에 따라 영상정보처리기기를 설치하는 경우에는 「개인정보보호법」 제25조 제4항에 따라 안내판을 설치하여야 한다.

② 제1항에 따른 안내판은 주·야간에 쉽게 식별할 수 있도록 계획하여야 한다.

제3장 건축물의 용도별 범죄예방 기준

제10조(100세대 이상 아파트에 대한 기준)

① 대지의 출입구는 다음 각 호의 사항을 고려하여 계획하여야 한다.

1. 출입구는 영역의 위계(位階)가 명확하도록 계획하여야 한다.
2. 출입구는 자연적 감시가 쉬운 곳에 설치하며, 출입구 수는 효율적인 관리가 가능한 범위에서 적정하게 계획하여야 한다.
3. 조명은 출입구와 출입구 주변에 연속적으로 설치하여야 한다.

② 담장은 다음 각 호에 따라 계획하여야 한다.

1. 사각지대 또는 고립지대가 생기지 않도록 계획하여야 한다.
2. 자연적 감시를 위하여 투시형으로 계획하여야 한다.
3. 울타리용 조경수를 설치하는 경우에는 수고 1미터에서 1.5미터 이내인 밀생 수종을 일정한 간격으로 식재하여야 한다.

③ 부대시설 및 복리시설은 다음 각 호와 같이 계획하여야 한다.

1. 부대시설 및 복리시설은 주민 활동을 고려하여 접근과 자연적 감시가 용이한 곳에 설치하여야 한다.
2. 어린이놀이터는 사람의 통행이 많은 곳이나 건축물의 출입구 주변 또는 각 세대에서 조망할 수 있는 곳에 배치하고, 주변에 경비실을 설치하거나 영상정보처리기기를 설치하여야 한다.

④ 경비실 등은 다음 각 호와 같이 계획하여야 한다.

1. 경비실은 필요한 각 방향으로 조망이 가능한 구조로 계획하여야 한다.
2. 경비실 주변의 조경 등은 시야를 차단하지 않도록 계획하여야 한다.
3. 경비실 또는 관리사무소에 고립 지역을 상시 관망할 수 있는 영상정보처리기기 시스템을 설치하여야 한다.
4. 경비실·관리사무소 또는 단지 공용 공간에 무인 택배보관함의 설치를 권장한다.

⑤ 주차장은 다음 각 호와 같이 계획하여야 한다.

1. 주차구역은 사각지대가 생기지 않도록 하여야 한다.
2. 주차장 내부 감시를 위한 영상정보처리기기 및 조명은 「주차장법 시행규칙」에 따른다.
3. 차로와 통로 및 출입구의 기둥 또는 벽에는 경비실 또는 관리사무소와 연결된 비상벨을 25미터 이내마다 설치하고, 비상벨을 설치한 기둥(벽)의 도색을 차별화하여 시각적으로 명확하게 인지될 수 있도록 하여야 한다.
4. 여성전용 주차구획은 출입구 인접 지역에 설치를 권장한다.

⑥ 조경은 주거 침입에 이용되지 않도록 식재하여야 한다.

⑦ 건축물의 출입구는 다음 각 호와 같이 계획하여야 한다.

1. 출입구는 접근통제시설을 설치하여 접근통제가 용이하도록 계획하여야 한다.
2. 출입구는 자연적 감시를 할 수 있도록 하되, 여건상 불가피한 경우 반사경 등 대체 시설을 설치하여야 한다.
3. 출입구에는 주변보다 밝은 조명을 설치하여 야간에 식별이 용이하도록 하여야 한다.
4. 출입구에는 영상정보처리기기 설치를 권장한다.

⑧ 세대 현관문 및 창문은 다음 각 호와 같이 계획하여야 한다.

1. 세대 창문에는 별표 1 제1호의 기준에 적합한 침입 방어 성능을 갖춘 제품과 잠금장치를 설치하여야 한다.
2. 세대 현관문은 별표 1 제2호의 기준에 적합한 침입 방어 성능을 갖춘 제품과 도어체인을 설치하되, 우유투입구 등 외부 침입에 이용될 수 있는 장치의 설치는 금지한다.

⑨ 승강기·복도 및 계단 등은 다음 각 호와 같이 계획하여야 한다.

1. 지하층(주차장과 연결된 경우에 한한다) 및 1층 승강장, 옥상 출입구, 승강기 내부에는 영상정보처리기기를 설치하여야 한다.
2. 계단실에는 외부 공간에서 자연적 감시가 가능하도록 창호를 설치하고, 계단실에 영상정보처리기기를 1개소 이상 설치하여야 한다.

⑩ 건축물의 외벽은 침입에 이용될 수 있는 요소가 최소화되도록 계획하고, 외벽에 수직 배관이나 냉난방 설비 등을 설치하는 경우에는 지표면에서 지상 2층으로 또는 옥상에서 최상층으로 배관 등을 타고 오르거나 내려올 수 없는 구조로 하여야 한다.

⑪ 건축물의 측면이나 뒷면, 정원, 사각지대 및 주차장에는 사물을 식별할 수 있는 적정한 조명을 설치하되, 여건상 불가피한 경우 반사경 등 대체 시설을 설치하여야 한다.

⑫ 전기·가스·수도 등 검침용 기기는 세대 외부에 설치한다. 다만, 외부에서 사용량을 검침할 수 있는 경우에는 그러하지 아니한다.

⑬ 세대 창문에 방범시설을 설치하는 경우에는 화재 발생 시 피난에 용이한 개폐가 가능한 구조로 설치하는 것을 권장한다.

제11조(다가구주택, 다세대주택, 연립주택, 100세대 미만의 아파트, 오피스텔 등에 관한 사항) 다가구주택, 다세대주택, 연립주택, 아파트(100세대 미만) 및 오피스텔은 다음의 범죄예방 기준에 적합하도록 하여야 한다.

1. 세대 창호재는 별표 1의 제1호의 기준에 적합한 침입 방어 성능을 갖춘 제품을 사용한다.
2. 세대 출입문은 별표 1의 제2호의 기준에 적합한 침입 방어 성능을 갖춘 제품의 설치를 권장한다.
3. 건축물 출입구는 자연적 감시를 위하여 가급적 도로 또는 통행로에서 볼 수 있는 위치에 계획하되, 부득이 도로나 통행로에서 보이지 않는 위치에 설치하는 경우에 반사경, 거울 등의 대체 시설 설치를 권장한다.
4. 건축물의 외벽은 침입에 이용될 수 있는 요소가 최소화되도록 계획하고, 외벽에 수직 배관이나 냉난방 설비 등을 설치하는 경우에는 지표면에서 지상 2층으로 또는 옥상에서 최상층으로 배관 등을 타고 오르거나 내려올 수 없는 구조로 하여야 한다.
5. 건축물의 측면이나 뒷면, 출입문, 정원, 사각지대 및 주차장에는 사물을 식별할 수 있는 적정한 조명 또는 반사경을 설치한다.
6. 전기·가스·수도 등 검침용 기기는 세대 외부에 설치하는 것을 권장한다. 다만, 외부에서 사용량을 검침할 수 있는 경우에는 그러하지 아니한다.
7. 담장은 사각지대 또는 고립지대가 생기지 않도록 계획하여야 한다.
8. 주차구역은 사각지대가 생기지 않도록 하고, 주차장 내부 감시를 위한 영상정보처리기기 및 조명은 「주차장법 시행규칙」에 따른다.
9. 건축물의 출입구, 지하층(주차장과 연결된 경우에 한한다), 1층 승강장, 옥상 출입구, 승강기 내부에는 영상정보처리기기 설치를 권장한다.

10. 계단실에는 외부 공간에서 자연적 감시가 가능하도록 창호 설치를 권장한다.
11. 세대 창문에 방범시설을 설치하는 경우에는 화재 발생 시 피난에 용이한 개폐가 가능한 구조로 설치하는 것을 권장한다.
12. 단독주택(다가구주택을 제외한다)은 제1호부터 제11호까지의 규정 적용을 권장한다.

제12조(문화 및 집회시설·교육연구시설·노유자시설·수련시설에 대한 기준)

① 출입구 등은 다음 각 호와 같이 계획하여야 한다.
1. 출입구는 자연적 감시를 고려하고 사각지대가 형성되지 않도록 계획하여야 한다.
2. 출입문, 창문 및 셔터는 별표 1의 기준에 적합한 침입 방어 성능을 갖춘 제품을 설치하여야 한다. 다만, 건축물의 로비 등에 설치하는 유리출입문은 제외한다.

② 주차장의 계획에 대하여는 제10조 제5항을 준용한다.

③ 차도와 보행로가 함께 있는 보행로에는 보행자등을 설치하여야 한다.

제13조(일용품 소매점에 대한 기준)

① 영 별표 1 제3호의 제1종 근린생활시설 중 24시간 일용품을 판매하는 소매점에 대하여 적용한다.

② 출입문 또는 창문은 내부 또는 외부로의 시선을 감소시키는 필름이나 광고물 등을 부착하지 않도록 권장한다.

③ 출입구 및 카운터 주변에 영상정보처리기기를 설치하여야 한다.

④ 카운터는 배치 계획상 불가피한 경우를 제외하고 외부에서 상시 볼 수 있는 위치에 배치하고 경비실, 관리사무소, 관할 경찰서 등과 직접 연결된 비상연락시설을 설치하여야 한다.

제14조(다중생활시설에 대한 기준)

① 출입구에는 출입자 통제 시스템이나 경비실을 설치하여 허가받지 않은 출입자를 통제하여야 한다.

② 건축물의 출입구에 영상정보처리기기를 설치한다.

③ 다른 용도와 복합으로 건축하는 경우에는 다른 용도로부터의 출입을 통제할 수 있도록 전용 출입구의 설치를 권장한다. 다만, 오피스텔과 복합으로 건축하는 경우 오피스텔 건축기준(국토교통부 고시)에 따른다.

제15조(재검토 기한) 국토교통부장관은 「훈령·예규 등의 발령 및 관리에 관한 규정」(대통령 훈령 제334호)에 따라 이 고시에 대하여 2018년 7월 1일 기준으로 매3년이

되는 시점(매 3년째의 6월 30일까지를 말한다)마다 그 타당성을 검토하여 개선 등의 조치를 하여야 한다.

부칙 <제2019-394호, 2019. 7. 24.>

제1조(시행일) 이 고시는 2019년 7월 31일부터 시행한다.

제2조(적용례) 이 기준은 시행 후 「건축법」 제11조에 따라 건축 허가를 신청하거나 「건축법」 제14조에 따라 건축 신고를 하는 경우 또는 「주택법」 제15조에 따라 주택사업계획의 승인을 신청하는 경우부터 적용한다. 다만, 「건축법」 제4조의 2에 따른 건축위원회의 심의 대상인 경우에는 「건축법」 제4조의 2에 따른 건축위원회의 심의를 신청하는 경우부터 적용한다.

② 용도별 건축물의 종류(제3조의 5 관련)

건축법 시행령 [별표 1] <개정 2019. 10. 22.>

1. 단독주택[단독주택의 형태를 갖춘 가정어린이집·공동생활가정·지역아동센터 및 노인복지시설(노인복지주택은 제외한다)을 포함한다]

가. 단독주택

나. 다중주택 : 다음의 요건을 모두 갖춘 주택을 말한다.

1) 학생 또는 직장인 등 여러 사람이 장기간 거주할 수 있는 구조로 되어 있는 것

2) 독립된 주거의 형태를 갖추지 아니한 것(각 실별로 욕실은 설치할 수 있으나, 취사시설은 설치하지 아니한 것을 말한다. 이하 같다)

3) 1개 동의 주택으로 쓰이는 바닥면적의 합계가 330제곱미터 이하이고 주택으로 쓰는 층수(지하층은 제외한다)가 3개 층 이하일 것

다. 다가구주택 : 다음의 요건을 모두 갖춘 주택으로서 공동주택에 해당하지 아니하는 것을 말한다.

1) 주택으로 쓰는 층수(지하층은 제외한다)가 3개 층 이하일 것. 다만, 1층의 전부 또는 일부를 필로티 구조로 하여 주차장으로 사용하고 나머지 부분을 주택 외의 용도로 쓰는 경우에는 해당 층을 주택의 층수에서 제외한다.

2) 1개 동의 주택으로 쓰이는 바닥면적(부설 주차장 면적은 제외한다. 이하 같다)의 합계가 660제곱미터 이하일 것

3) 19세대(대지 내 동별 세대수를 합한 세대를 말한다) 이하가 거주할 수 있을 것

라. 공관(公館)

2. 공동주택[공동주택의 형태를 갖춘 가정어린이집·공동생활가정·지역아동센터·노인복지시설(노인복지주택은 제외한다) 및 「주택법 시행령」 제10조 제1항 제1호에 따른 원룸형 주택을 포함한다]. 다만, 가목이나 나목에서 층수를 산정할 때 1층 전부를 필로티 구조로 하여 주차장으로 사용하는 경우에는 필로티 부분을 층수에서 제외하고, 다목에서 층수를 산정할 때 1층의 전부 또는 일부를 필로티 구조로 하여 주차장으로 사용하고 나머지 부분을 주택 외의 용도로 쓰는 경우에는 해당 층을 주택의 층수에

서 제외하며, 가목부터 라목까지의 규정에서 층수를 산정할 때 지하층을 주택의 층수에서 제외한다.

가. 아파트 : 주택으로 쓰는 층수가 5개 층 이상인 주택

나. 연립주택 : 주택으로 쓰는 1개 동의 바닥면적(2개 이상의 동을 지하주차장으로 연결하는 경우에는 각각의 동으로 본다) 합계가 660제곱미터를 초과하고, 층수가 4개 층 이하인 주택

다. 다세대주택 : 주택으로 쓰는 1개 동의 바닥면적 합계가 660제곱미터 이하이고, 층수가 4개 층 이하인 주택(2개 이상의 동을 지하주차장으로 연결하는 경우에는 각각의 동으로 본다)

라. 기숙사 : 학교 또는 공장 등의 학생 또는 종업원 등을 위하여 쓰는 것으로서 1개 동의 공동취사시설 이용 세대 수가 전체의 50퍼센트 이상인 것(「교육기본법」 제27조 제2항에 따른 학생복지주택을 포함한다)

3. 제1종 근린생활시설

가. 식품·잡화·의류·완구·서적·건축자재·의약품·의료기기 등 일용품을 판매하는 소매점으로서 같은 건축물(하나의 대지에 두 동 이상의 건축물이 있는 경우에는 이를 같은 건축물로 본다. 이하 같다)에 해당 용도로 쓰는 바닥면적의 합계가 1천제곱미터 미만인 것

나. 휴게음식점, 제과점 등 음료·차(茶)·음식·빵·떡·과자 등을 조리하거나 제조하여 판매하는 시설(제4호 너목 또는 제17호에 해당하는 것은 제외한다)로서 같은 건축물에 해당 용도로 쓰는 바닥면적의 합계가 300제곱미터 미만인 것

다. 이용원, 미용원, 목욕장, 세탁소 등 사람의 위생관리나 의류 등을 세탁·수선하는 시설(세탁소의 경우 공장에 부설되는 것과 「대기환경보전법」, 「물환경보전법」 또는 「소음·진동관리법」에 따른 배출시설의 설치 허가 또는 신고의 대상인 것은 제외한다)

라. 의원, 치과의원, 한의원, 침술원, 접골원(接骨院), 조산원, 안마원, 산후조리원 등 주민의 진료·치료 등을 위한 시설

마. 탁구장, 체육도장으로서 같은 건축물에 해당 용도로 쓰는 바닥면적의 합계가 500제곱미터 미만인 것

바. 지역자치센터, 파출소, 지구대, 소방서, 우체국, 방송국, 보건소, 공공도서관, 건강보험공단 사무소 등 주민의 편의를 위하여 공공업무를 수행하는 시설로서 같은

건축물에 해당 용도로 쓰는 바닥면적의 합계가 1천 제곱미터 미만인 것

사. 마을회관, 마을공동작업소, 마을공동구판장, 공중화장실, 대피소, 지역아동센터(단독주택과 공동주택에 해당하는 것은 제외한다) 등 주민이 공동으로 이용하는 시설

아. 변전소, 도시가스 배관시설, 통신용 시설(해당 용도로 쓰는 바닥면적의 합계가 1천 제곱미터 미만인 것에 한정한다), 정수장, 양수장 등 주민의 생활에 필요한 에너지 공급·통신서비스 제공이나 급수·배수와 관련된 시설

자. 금융업소, 사무소, 부동산중개사무소, 결혼상담소 등 소개업소, 출판사 등 일반업무시설로서 같은 건축물에 해당 용도로 쓰는 바닥면적의 합계가 30제곱미터 미만인 것

4. 제2종 근린생활시설

가. 공연장(극장, 영화관, 연예장, 음악당, 서커스장, 비디오물 감상실, 비디오물 소극장, 그 밖에 이와 비슷한 것을 말한다. 이하 같다)으로서 같은 건축물에 해당 용도로 쓰는 바닥면적의 합계가 500제곱미터 미만인 것

나. 종교집회장[교회, 성당, 사찰, 기도원, 수도원, 수녀원, 제실(祭室), 사당, 그 밖에 이와 비슷한 것을 말한다. 이하 같다]으로서 같은 건축물에 해당 용도로 쓰는 바닥면적의 합계가 500제곱미터 미만인 것

다. 자동차 영업소로서 같은 건축물에 해당 용도로 쓰는 바닥면적의 합계가 1천 제곱미터 미만인 것

라. 서점(제1종 근린생활시설에 해당하지 않는 것)

마. 총포판매소

바. 사진관, 표구점

사. 청소년게임제공업소, 복합유통게임제공업소, 인터넷컴퓨터게임시설제공업소, 그 밖에 이와 비슷한 게임 관련 시설로서 같은 건축물에 해당 용도로 쓰는 바닥면적의 합계가 500제곱미터 미만인 것

아. 휴게음식점, 제과점 등 음료·차(茶)·음식·빵·떡·과자 등을 조리하거나 제조하여 판매하는 시설(너목 또는 제17호에 해당하는 것은 제외한다)로서 같은 건축물에 해당 용도로 쓰는 바닥면적의 합계가 300제곱미터 이상인 것

자. 일반음식점

차. 장의사, 동물병원, 동물미용실, 그 밖에 이와 유사한 것

카. 학원(자동차학원·무도학원 및 정보통신기술을 활용하여 원격으로 교습하는 것은 제외한다), 교습소(자동차 교습·무도 교습 및 정보통신기술을 활용하여 원격으로 교습하는 것은 제외한다), 직업훈련소(운전·정비 관련 직업훈련소는 제외한다)로서 같은 건축물에 해당 용도로 쓰는 바닥면적의 합계가 500제곱미터 미만인 것

타. 독서실, 기원

파. 테니스장, 체력단련장, 에어로빅장, 볼링장, 당구장, 실내낚시터, 골프연습장, 놀이형 시설(「관광진흥법」에 따른 기타 유원시설업의 시설을 말한다. 이하 같다) 등 주민의 체육 활동을 위한 시설(제3호 마목의 시설은 제외한다)로서 같은 건축물에 해당 용도로 쓰는 바닥면적의 합계가 500제곱미터 미만인 것

하. 금융업소, 사무소, 부동산중개사무소, 결혼상담소 등 소개업소, 출판사 등 일반업무시설로서 같은 건축물에 해당 용도로 쓰는 바닥면적의 합계가 500제곱미터 미만인 것(제1종 근린생활시설에 해당하는 것은 제외한다)

거. 다중생활시설(「다중이용업소의 안전관리에 관한 특별법」에 따른 다중이용업 중 고시원업의 시설로서 국토교통부장관이 고시하는 기준에 적합한 것을 말한다. 이하 같다)로서 같은 건축물에 해당 용도로 쓰는 바닥면적의 합계가 500제곱미터 미만인 것

너. 제조업소, 수리점 등 물품의 제조·가공·수리 등을 위한 시설로서 같은 건축물에 해당 용도로 쓰는 바닥면적의 합계가 500제곱미터 미만이고, 다음 요건 중 어느 하나에 해당하는 것

1) 「대기환경보전법」, 「물환경보전법」 또는 「소음·진동관리법」에 따른 배출시설의 설치 허가 또는 신고의 대상이 아닌 것

2) 「대기환경보전법」, 「물환경보전법」 또는 「소음·진동관리법」에 따른 배출시설의 설치 허가 또는 신고의 대상 시설로서 발생되는 폐수를 전량 위탁 처리하는 것

더. 단란주점으로서 같은 건축물에 해당 용도로 쓰는 바닥면적의 합계가 150제곱미터 미만인 것

러. 안마시술소, 노래연습장

5. 문화 및 집회시설

가. 공연장으로서 제2종 근린생활시설에 해당하지 아니하는 것

나. 집회장[예식장, 공회당, 회의장, 마권(馬券) 장외 발매소, 마권 전화투표소, 그 밖에 이와 비슷한 것을 말한다]으로서 제2종 근린생활시설에 해당하지 아니하는 것

다. 관람장(경마장, 경륜장, 경정장, 자동차 경기장, 그 밖에 이와 비슷한 것과 체육관 및 운동장으로서 관람석의 바닥면적의 합계가 1천 제곱미터 이상인 것을 말한다)

라. 전시장(박물관, 미술관, 과학관, 문화관, 체험관, 기념관, 산업전시장, 박람회장, 그 밖에 이와 비슷한 것을 말한다)

마. 동·식물원(동물원, 식물원, 수족관, 그 밖에 이와 비슷한 것을 말한다)

6. 종교시설

가. 종교집회장으로서 제2종 근린생활시설에 해당하지 아니하는 것

나. 종교집회장(제2종 근린생활시설에 해당하지 아니하는 것을 말한다)에 설치하는 봉안당(奉安堂)

7. 판매시설

가. 도매시장(「농수산물 유통 및 가격안정에 관한 법률」에 따른 농수산물도매시장, 농수산물 공판장, 그 밖에 이와 비슷한 것을 말하며, 그 안에 있는 근린생활시설을 포함한다)

나. 소매시장(「유통산업발전법」 제2조 제3호에 따른 대규모 점포, 그 밖에 이와 비슷한 것을 말하며, 그 안에 있는 근린생활시설을 포함한다)

다. 상점(그 안에 있는 근린생활시설을 포함한다)으로서 다음의 요건 중 어느 하나에 해당하는 것

1) 제3호 가목에 해당하는 용도(서점은 제외한다)로서 제1종 근린생활시설에 해당하지 아니하는 것

2) 「게임산업진흥에 관한 법률」 제2조 제6호의 2 가목에 따른 청소년게임제공업의 시설, 같은 호 나목에 따른 일반게임제공업의 시설, 같은 조 제7호에 따른 인터넷컴퓨터게임시설제공업의 시설 및 같은 조 제8호에 따른 복합유통게임제공업의 시설로서 제2종 근린생활시설에 해당하지 아니하는 것

8. 운수시설

가. 여객자동차터미널

나. 철도시설

다. 공항시설

라. 항만시설

마. 그 밖에 가목부터 라목까지의 규정에 따른 시설과 비슷한 시설

9. 의료시설

가. 병원(종합병원, 병원, 치과병원, 한방병원, 정신병원 및 요양병원을 말한다)

나. 격리병원(전염병원, 마약진료소, 그 밖에 이와 비슷한 것을 말한다)

10. 교육연구시설(제2종 근린생활시설에 해당하는 것은 제외한다)

가. 학교(유치원, 초등학교, 중학교, 고등학교, 전문대학, 대학, 대학교, 그 밖에 이에 준하는 각종 학교를 말한다)

나. 교육원(연수원, 그 밖에 이와 비슷한 것을 포함한다)

다. 직업훈련소(운전 및 정비 관련 직업훈련소는 제외한다)

라. 학원(자동차학원·무도학원 및 정보통신기술을 활용하여 원격으로 교습하는 것은 제외한다)

마. 연구소(연구소에 준하는 시험소와 계측계량소를 포함한다)

바. 도서관

11. 노유자시설

가. 아동 관련 시설(어린이집, 아동복지시설, 그 밖에 이와 비슷한 것으로서 단독주택, 공동주택 및 제1종 근린생활시설에 해당하지 아니하는 것을 말한다)

나. 노인복지시설(단독주택과 공동주택에 해당하지 아니하는 것을 말한다)

다. 그 밖에 다른 용도로 분류되지 아니한 사회복지시설 및 근로복지시설

12. 수련시설

가. 생활권 수련시설(「청소년활동진흥법」에 따른 청소년수련관, 청소년문화의집, 청소년특화시설, 그 밖에 이와 비슷한 것을 말한다)

나. 자연권 수련시설(「청소년활동진흥법」에 따른 청소년수련원, 청소년야영장, 그 밖에 이와 비슷한 것을 말한다)

다. 「청소년활동진흥법」에 따른 유스호스텔

라. 「관광진흥법」에 따른 야영장 시설로서 제29호에 해당하지 아니하는 시설

13. 운동시설

가. 탁구장, 체육도장, 테니스장, 체력단련장, 에어로빅장, 볼링장, 당구장, 실내낚시터, 골프연습장, 놀이형 시설, 그 밖에 이와 비슷한 것으로서 제1종 근린생활시설 및 제2종 근린생활시설에 해당하지 아니하는 것

나. 체육관으로서 관람석이 없거나 관람석의 바닥면적이 1천 제곱미터 미만인 것

다. 운동장(육상장, 구기장, 볼링장, 수영장, 스케이트장, 롤러스케이트장, 승마장, 사격장, 궁도장, 골프장 등과 이에 딸린 건축물을 말한다)으로서 관람석이 없거나 관람석의 바닥면적이 1천 제곱미터 미만인 것

14. 업무시설

가. 공공업무시설 : 국가 또는 지방자치단체의 청사와 외국 공관의 건축물로서 제1종 근린생활시설에 해당하지 아니하는 것

나. 일반업무시설 : 다음 요건을 갖춘 업무시설을 말한다.

1) 금융업소, 사무소, 결혼상담소 등 소개업소, 출판사, 신문사, 그 밖에 이와 비슷한 것으로서 제1종 근린생활시설 및 제2종 근린생활시설에 해당하지 않는 것

2) 오피스텔(업무를 주로 하며, 분양하거나 임대하는 구획 중 일부 구획에서 숙식을 할 수 있도록 한 건축물로서 국토교통부장관이 고시하는 기준에 적합한 것을 말한다)

15. 숙박시설

가. 일반숙박시설 및 생활숙박시설

나. 관광숙박시설(관광호텔, 수상관광호텔, 한국전통호텔, 가족호텔, 호스텔, 소형호텔, 의료관광호텔 및 휴양 콘도미니엄)

다. 다중생활시설(제2종 근린생활시설에 해당하지 아니하는 것을 말한다)

라. 그 밖에 가목부터 다목까지의 시설과 비슷한 것

16. 위락시설

가. 단란주점으로서 제2종 근린생활시설에 해당하지 아니하는 것

나. 유흥주점이나 그 밖에 이와 비슷한 것

다. 「관광진흥법」에 따른 유원시설업의 시설, 그 밖에 이와 비슷한 시설(제2종 근린생활시설과 운동시설에 해당하는 것은 제외한다)

라. 삭제 <2010.2.18>

마. 무도장, 무도학원

바. 카지노 영업소

17. 공장

물품의 제조·가공[염색·도장(塗裝)·표백·재봉·건조·인쇄 등을 포함한다] 또는 수리에 계속적으로 이용되는 건축물로서 제1종 근린생활시설, 제2종 근린생활시설, 위험물 저장 및 처리시설, 자동차 관련 시설, 자원순환 관련 시설 등으로 따로 분류되지 아니한 것

18. 창고 시설(위험물 저장 및 처리 시설 또는 그 부속 용도에 해당하는 것은 제외한다)

가. 창고(물품저장시설로서 「물류정책기본법」에 따른 일반 창고와 냉장 및 냉동 창고를 포함한다)

나. 하역장

다. 「물류시설의 개발 및 운영에 관한 법률」에 따른 물류터미널

라. 집배송 시설

19. 위험물 저장 및 처리 시설

「위험물안전관리법」, 「석유 및 석유대체연료 사업법」, 「도시가스사업법」, 「고압가스 안전관리법」, 「액화석유가스의 안전관리 및 사업법」, 「총포·도검·화약류 등 단속법」, 「화학물질 관리법」 등에 따라 설치 또는 영업의 허가를 받아야 하는 건축물로서 다음 각 목의 어느 하나에 해당하는 것. 다만, 자가난방, 자가발전, 그 밖에 이와 비슷한 목적으로 쓰는 저장시설은 제외한다.

가. 주유소(기계식 세차 설비를 포함한다) 및 석유 판매소

나. 액화석유가스 충전소·판매소·저장소(기계식 세차 설비를 포함한다)

다. 위험물 제조소·저장소·취급소

라. 액화가스 취급소·판매소

마. 유독물 보관·저장·판매시설

바. 고압가스 충전소·판매소·저장소

사. 도료류 판매소

아. 도시가스 제조시설

자. 화약류 저장소

차. 그 밖에 가목부터 자목까지의 시설과 비슷한 것

20. 자동차 관련 시설(건설 기계 관련 시설을 포함한다)

가. 주차장

나. 세차장

다. 폐차장

라. 검사장

마. 매매장

바. 정비공장

사. 운전학원 및 정비학원(운전 및 정비 관련 직업훈련시설을 포함한다)

아. 「여객자동차 운수사업법」, 「화물자동차 운수사업법」 및 「건설기계관리법」에 따른 차고 및 주기장(駐機場)

21. 동물 및 식물 관련 시설

가. 축사(양잠·양봉·양어·양돈·양계·곤충사육 시설 및 부화장 등을 포함한다)

나. 가축시설[가축용 운동 시설, 인공수정센터, 관리사(管理舍), 가축용 창고, 가축시장, 동물검역소, 실험동물 사육 시설, 그 밖에 이와 비슷한 것을 말한다]

다. 도축장

라. 도계장

마. 작물 재배사

바. 종묘 배양 시설

사. 화초 및 분재 등의 온실

아. 동물 또는 식물과 관련된 가목부터 사목까지의 시설과 비슷한 것(동·식물원은 제외한다)

22. 자원순환 관련 시설

가. 하수 등 처리 시설

나. 고물상

다. 폐기물 재활용 시설

라. 폐기물 처분 시설

마. 폐기물 감량화 시설

23. 교정 및 군사 시설(제1종 근린생활시설에 해당하는 것은 제외한다)

가. 교정 시설(보호감호소, 구치소 및 교도소를 말한다)

나. 갱생보호 시설, 그 밖에 범죄자의 갱생·보육·교육·보건 등의 용도로 쓰는 시설

다. 소년원 및 소년분류심사원

라. 국방·군사 시설

24. 방송통신 시설(제1종 근린생활시설에 해당하는 것은 제외한다)

가. 방송국(방송 프로그램 제작 시설 및 송신·수신·중계 시설을 포함한다)

나. 전신전화국

다. 촬영소

라. 통신용 시설

마. 데이터센터

바. 그 밖에 가목부터 마목까지의 시설과 비슷한 것

25. 발전 시설

발전소(집단에너지 공급 시설을 포함한다)로 사용되는 건축물로서 제1종 근린생활 시설에 해당하지 아니하는 것

26. 묘지 관련 시설

가. 화장시설

나. 봉안당(종교시설에 해당하는 것은 제외한다)

다. 묘지와 자연장지에 부수되는 건축물

라. 동물 화장 시설, 동물건조장(乾燥葬) 시설 및 동물 전용의 납골 시설

27. 관광 휴게 시설

가. 야외음악당

나. 야외극장

다. 어린이회관

라. 관망탑

마. 휴게소

바. 공원·유원지 또는 관광지에 부수되는 시설

28. 장례 시설

가. 장례식장[의료시설의 부수 시설(「의료법」 제36조 제1호에 따른 의료기관의 종류에 따른 시설을 말한다)에 해당하는 것은 제외한다]

나. 동물 전용의 장례식장

29. 야영장 시설

「관광진흥법」에 따른 야영장 시설로서 관리동, 화장실, 샤워실, 대피소, 취사시설 등의 용도로 쓰는 바닥면적의 합계가 300제곱미터 미만인 것

비 고

1. 제3호 및 제4호에서 "해당 용도로 쓰는 바닥면적"이란 부설 주차장 면적을 제외한 실(實) 사용 면적에 공용 부분 면적(복도, 계단, 화장실 등의 면적을 말한다)을 비례 배분한 면적을 합한 면적을 말한다.

2. 비고 제1호에 따라 "해당 용도로 쓰는 바닥면적"을 산정할 때 건축물의 내부를 여러 개의 부분으로 구분하여 독립한 건축물로 사용하는 경우에는 그 구분된 면적 단위로 바닥면적을 산정한다. 다만, 다음 각 목에 해당하는 경우에는 각 목에서 정한 기준에 따른다.

가. 제4호 더목에 해당하는 건축물의 경우에는 내부가 여러 개의 부분으로 구분되어 있더라도 해당 용도로 쓰는 바닥면적을 모두 합산하여 산정한다.

나. 동일인이 둘 이상의 구분된 건축물을 같은 세부 용도로 사용하는 경우에는 연접되어 있지 않더라도 이를 모두 합산하여 산정한다.

다. 구분 소유자(임차인을 포함한다)가 다른 경우에도 구분된 건축물을 같은 세부 용도로 연계하여 함께 사용하는 경우(통로, 창고 등을 공동으로 활용하는 경우 또는 명칭의 일부를 동일하게 사용하여 홍보하거나 관리하는 경우 등을 말한다)에는 연접되어 있지 않더라도 연계하여 함께 사용하는 바닥면적을 모두 합산하여 산정한다.

3. 「청소년보호법」 제2조 제5호 가목 8) 및 9)에 따라 여성가족부장관이 고시하는 청소년 출입·고용금지업의 영업을 위한 시설은 제1종 근린생활시설 및 제2종 근린생활시설에서 제외하되, 위 표에 따른 다른 용도의 시설로 분류되지 않는 경우에는 제16호에 따른 위락시설로 분류한다.

4. 국토교통부장관은 별표 1 각 호의 용도별 건축물의 종류에 관한 구체적인 범위를 정하여 고시할 수 있다.

③ 범죄예방 건축기준 체크리스트

구 분	관련 규정 내용	참고 페이지	반영 여부
제4조 접근통제의 기준	1-1. 보행로는 자연적 감시가 강화되도록 계획.	28, 72	
	1-2. 자연감시 기준을 적용하기 어려운 경우에는 영상정보처리기기, 반사경 등 자연적 감시를 대체할 수 있는 시설을 설치.	114	
	2. 대지 및 건축물의 출입구는 접근통제 시설을 설치하여 자연적으로 통제하고 경계 부분을 인지할 수 있도록 처리.	44	
	3-1. 건축물의 외벽에 범죄자의 침입을 용이하게 하는 시설은 설치하지 않는다.	131	
	3-2. 가스배관 등의 설치물이 있을 경우, 이를 침입 도구로 사용하지 못하도록 보완한다.	131	
제5조 영역성 확보	1. 공적 공간과 사적 공간의 위계를 명확하게 인지할 수 있도록 설계.	47	
	2. 공간의 경계 부분은 바닥에 단을 두거나 바닥의 재료나 색채를 달리하여 공간 구분을 명확하게 인지할 수 있도록 한다.	34	
	3. 영역이 구분되는 곳에는 안내판, 보도, 담장 등을 설치한다.	34	
제6조 활동의 활성화 기준	1. 외부 공간에 설치하는 운동시설, 휴게시설, 놀이터 등의 시설(이하 "외부시설"이라 한다)은 상호 연계하여 이용할 수 있도록 계획.	76	
	2. 지역 공동체(커뮤니티)가 증진되도록 지역 특성에 맞는 적정한 외부 시설을 선정하여 배치.	76	
	3. 이용 안내문(방법 및 주의점)을 설치한다.	134	
제7조 조경 기준	1. 수목은 사각지대나 고립지대가 발생하지 않도록 한다.	101~105	
	2. 건축물과 일정한 거리를 두고 수목을 식재하여 창문을 가리거나 나무를 타고 건축물 내부로 범죄자가 침입할 수 없도록 한다.	101~105	
	3. 유지관리 매뉴얼을 적용한다. 조경에 사용된 소재(나무와 꽃 등)는 계속 성장하고 계절별로 변화를 겪으므로 유지관리가 중요하며, 이에 대한 관리 방안을 명확히 제시한다.	105	

* 위 표는 국토부 범죄예방 건축기준을 중심으로 필요한 내용을 추가하여 반영 여부를 체크할 수 있도록 작성한 것이다. 각 항목별 내용은 참고 단원을 보기 바란다.

구 분	관련 규정 내용	참고 페이지	반영 여부
제8조 조명 기준	1. 출입구, 대지 경계로부터 건축물 출입구까지 이르는 진입로 및 표지판에는 충분한 조명시설을 계획한다.	106~111	
	2. 보행자의 통행이 많은 구역은 사물의 식별이 쉽도록 적정하게 조명을 설치한다.	106~111	
	3. 조명은 색채의 표현과 구분이 가능한 것을 사용해야 하며, 빛이 제공되는 범위와 각도를 조정하여 눈부심 현상을 줄인다.	109~111	
제9조 영상정보처리기기 안내판의 설치	1. 영상정보처리기기를 설치하는 경우에는 「개인정보보호법」 제25조 제4항에 따라 안내판을 설치한다.	124	
	2. 제1항에 따른 안내판은 주·야간에 쉽게 식별할 수 있도록 계획한다.		
제3장 건축물의 용도별 범죄예방 기준			
제3장 건축물의 용도별 범죄예방 기준 제10조 (아파트에 대한 기준)	① 단지의 출입구	44~70	
	1. 출입구는 영역의 위계(位階)가 명확하도록 계획.	109	
	2. 출입구는 자연적 감시가 쉬운 곳에 설치하며, 출입구 수는 감시가 가능한 범위에서 적정하게 계획.	52	
	3. 조명은 출입구와 출입구 주변에 연속적으로 설치.	109	
	4. 출입구의 수가 여러 개일 경우에는 이름이나 번호로 표시하여 구분할 것.	52	
	② 담장	68	
	1. 사각지대 또는 고립지대가 생기지 않도록 계획.	68	
	2. 자연적 감시를 위하여 투시형으로 계획.		
	3. 울타리용 조경수를 설치하는 경우에는 수고 1미터에서 1.5미터 이내인 밀생수종을 일정한 간격으로 식재하여야 한다. (식물은 계속 자라므로 이를 고려하여 관리 기준 마련)		
	③ 부대시설 및 복리시설		
	1. 부대시설 및 복리시설은 주민 활동을 고려하여 접근과 감시가 용이한 곳에 설치.	78~79	
	2. 어린이 놀이터는 사람의 통행이 많은 곳이나 건축물의 출입구 주변 또는 각 세대에서 조망할 수 있는 곳에 배치하고, 주변에 경비실을 설치하거나 영상정보처리기기 설치.	80	

구 분	관련 규정 내용	참고 페이지	반영 여부
제10조 (아파트에 대한 기준)	④ 경비실 등	54	
	1. 경비실은 필요한 각 방향으로 조망이 가능한 구조로 계획.		
	2. 경비실 주변의 조경 등은 시야를 차단하지 않도록 계획.		
	3. 경비실 또는 관리사무소에 고립 지역을 상시 관망할 수 있는 영상정보처리기기 시스템을 설치.		
	4. 경비실·관리사무소 또는 단지 공용 공간에 무인택배 보관함의 설치를 권장.		
	⑤ 주차장	70~91	
	1. 주차구역은 사각지대가 생기지 않도록 한다.		
	2. 주차장 내부 감시를 위한 영상처리기기 및 조명은 「주차장법 시행규칙」에 따른다.		
	3. 차로와 통로 및 동(棟) 출입구의 기둥 또는 벽에는 경비실 또는 관리사무소와 연결된 비상벨을 25미터 이내마다 설치하고, 비상벨을 설치한 기둥(벽)의 도색을 차별화하여 시각적으로 명확하게 인지될 수 있도록 하여야 한다.	126	
	4. 여성전용 주차 구획은 출입구 인접 지역에 설치를 권장.	96	
	⑥ 조경은 주거 침입에 이용되지 않도록 식재.		
	⑦ 건축물의 출입구		
	1. 출입구는 접근통제시설을 설치하여 접근통제가 용이하도록 계획.	54	
	2. 출입구는 자연적 감시를 할 수 있도록 하되, 여건상 불가피한 경우 반사경 등 대체 시설을 설치.	66	
	3. 출입구에는 주변보다 밝은 조명을 설치하여 야간에 식별이 용이하도록 한다.	52	
	⑧ 세대 현관문 및 창문		
	1. 세대 창문에는 별표 1 제1호의 기준에 적합한 침입 방어 성능을 갖춘 제품과 잠금장치 설치.		
	2. 세대 현관문은 별표 1 제2호의 기준에 적합한 침입 방어 성능을 갖춘 제품과 도어체인을 설치하되, 우유 투입구 등 외부 침입에 이용될 수 있는 장치의 설치 금지.		

구 분	관련 규정 내용	참고 페이지	반영 여부
	⑨ 승강기·복도 및 계단	128	
	1. 지하층(주차장과 연결된 경우에 한한다) 및 1층 승강장, 옥상 출입구, 승가기 내부에는 영상정보처리기기를 설치.		
	2. 계단실에는 외부 공간에서 자연적 감시가 가능하도록 창호를 설치하고, 계단실에 영상정보처리기기를 1개소 이상 설치.		

참고문헌

국내 문헌

국토교통부, 2013.「건축물의 범죄예방설계 가이드라인」.

서울특별시, 2013,「범죄예방 환경설계 가이드라인」.

경기도, 2013,「취약지역 범죄예방을 위한 공공서비스디자인 매뉴얼」.

경찰청, 2005,「범죄예방을 위한 설계지침」.

경찰청, 2005,「환경설계를 통한 범죄예방(CPTED) 방안」.

국토교통부 주차장법 시행규칙

국토교통부 조경 설계 기준

국토교통부 도시공원 및 녹지 등에 관한 법률 시행규칙

LH, 2011,「범죄예방기법(CPTED) 설계적용사례집」.

대전광역시, 2016,「대전광역시 유성구(2016), 유성구 범죄예방 환경디자인 가이드라인」.

『서천군 범죄예방환경설계』, 2016.

『안양시 범죄예방환경설계』, 2014.

『시흥시 범죄예방환경설계』, 2015.

『여주시 실내체육관 설계』, 2017.

이경훈·강석진·㈜에스원, 2011,『공동주택 범죄예방 설계의 이론과 적용』.

이경훈·강석진, 2015,『사례로 이해하는 실무자를 위한 범죄예방 디자인』, 기문당.

유광흠·조영진, 2014,『범죄예방 환경설계 매뉴얼 개발 방안 연구』, 건축도시공간연구소.

이창훈·주미옥, 2017,『학교영역 단계별 범죄예방 환경설계 전략』, 한국셉테드학회.

주미옥, 2016,『공공미술을 활용한 범죄예방환경설계 연구』, 한양대학교 박사학위논문.

박성철, 2012,「우수사례로 보는 학교 시설의 범죄예방환경설계」, 한국교육시설학회지 제19권 제6호 통권 제91호.

박성철·조진일, 2013,「주요국의 학교 시설 범죄예방디자인(CPTED) 현황과 시사점」, 한국교육개발원.

박준휘 등 18인 공저, 2014, 『셉테드 이론과 실무 1』, 한국형사정책연구원.

한국셉테드학회 편찬위원회, 2015,『셉테드 원리와 운영 관리』.

이영직, 2009,『세상을 움직이는 100가지 법칙』, 스마트비즈니스.

해외 문헌

Jane Jacobs, *The Death and Life of Great American Cities*, A Division of Random House, INC. 1961.

참조 사이트

http://archive.jsonline.com/news/opinion/learning-from-jane-jacobs-about-successful-cities-b99720093z1—378439061.html/

https://search.daum.net/nate?nil_suggest=btn&nil_ch=&rtupcoll=&w=img&m=&f=&lpp=&DA=SBC&sug=&sq=&o=&sugo=&q=%EB%B0%95%EC%8A%A4%ED%98%95+CCTV

협찬사

(주)그린이엔지 대표 한행하

(주)에스아이디 대표 전수빈

(주)성광유니텍 대표 윤준호

(주)다인 조경기술사 최원석

(주)타이거컴퍼니 대표 김범진

(주)코너스 대표 김동오

SenseTime Group 한국대표 윤덕원